Blühender Garten

üppig & ganzjährig attraktiv

Autorin: **Esther Herr** | Fotografen: **Manfred Pforr, Friedrich Strauß und andere bekannte Gartenfotografen** | Illustrationen: **Heidi Janiček**

Inhalt

Gartenpraxis

Das 5-Stufen-Erfolgsprogramm

>> üppig & ganzjährig attraktiv

1 Planen

Wenn Sie die Verhältnisse in Ihrem Garten kennen und gut planen, rücken Sie Ihrem Traum von der Blütenpracht im Garten schon ein Stück näher.

2 Gestalten

Farbe und Struktur, Wuchsform und Blütezeit – all diese Elemente lassen sich für zahlreiche Gestaltungsmöglichkeiten nutzen.

3 Pflanzen

Wie Sie Pflanzen, Beet und Boden richtig vorbereiten, damit Ihnen bald etwas blüht.

4 Vermehren

Selbst vermehren spart Geld und macht Spaß – und ist gar nicht so schwer.

5 Pflegen

Gesunde und gut gepflegte Pflanzen leben länger und danken es Ihnen mit üppiger Blütenpracht.

Pflanzenporträts

TOP 20

Die beliebtesten und pflegeleichtesten Blühwunder im Porträt

Pflanzentabellen

Anhang

➤ **GU Serviceseiten**

Gartenpraxis

Wünsche und Vorüberlegungen

Ein Garten voll bunter, üppig blühender Blumenbeete vom Frühjahr bis zum Herbst: Lassen Sie diesen Traum wahr werden!

Bevor Sie jedoch den Spaten zur Hand nehmen und sich an die Arbeit machen, ist es sinnvoll, ein wenig zu planen. Welche Pflanzen passen zu meinem Garten? Wie viele Pflanzen brauche ich? Wie kombiniere ich sie? Das sind nur einige Fragen, die Sie sich dabei stellen sollten.

Ein blühendes Beet kann aus den verschiedensten Gewächsen bestehen. In der Regel spielen jedoch Stauden die Hauptrolle. Gemischte Rabatten mit Stauden, Gehölzen, Einjährigen und Zwiebelblumen haben viele Vorteile gegenüber den reinen Staudenrabatten. Der wichtigste: Ihre Attraktivität lässt sich viel leichter über das ganze Jahr hinweg erhalten.

Eine gemischte Rabatte kommt am besten vor einem festen Hintergrund, wie einer Schnitthecke, zur Geltung.

Stauden oder Einjährige?

Stauden sind krautige, winterharte Pflanzen, deren oberirdische Teile sich meist im Winter zurückziehen. Allerdings hat jede Art ihren eigenen Lebensrhythmus. Verglichen mit einjährigen Beetpflanzen, die konstant in den Sommermonaten erscheinen, blühen Stauden meist nur für kurze Zeit. Dafür verteilen sich die Blütezeiten der verschiedenen Arten fast über das ganze Jahr. Sie müssen nur so kombiniert werden, dass sie sich ablösen.

Gehölze und Zwiebelblumen

➤ Rosen oder andere Gehölze bringen ganz neue Qualitäten in ein Blumenbeet. Sie verleihen der Pflanzung eine feste Struktur und halten sie auch im Winter attraktiv. Immergrüne dominieren dann sogar, da sich die meisten Stauden zurückgezogen haben. Das restliche Jahr über

Mit Sommerblumen, wie Sonnenhut und Tagetes, kann man einem Beet jedes Jahr ein neues Gesicht geben.

bilden sie den idealen Rahmen für die bunten Blüten.

➤ Was wäre ein Frühjahr ohne Krokusse, Tulpen oder Narzissen? Im Beet sorgen sie gleich zu Beginn des Jahres für bunte Blütenpracht. Im Sommer bezaubern die eindrucksvollen Kugeln des Zierlauchs; im Herbst die formenreichen Blüten der Dahlien. Letztere sind jedoch nicht winterhart und müssen vor dem Frost aus dem Boden.

Wohin mit dem Beet?

Am besten kommen Blumenbeete in Verbindung mit der Hauswand, einem Sitzplatz oder »angelehnt« an Zäune, Hecken oder Mauern zur Geltung. Eine geschnittene Eibenhecke im Hintergrund und ein Rasenweg vor dem Beet etwa lassen die Blütenfarben noch mehr leuchten. Solche formalen Elemente geben zudem den überbordenden krautigen Pflanzen Halt. Beachten Sie bei der Planung: Beete, die sich an feste Elemente anlehnen, sind meist nur von einer Seite einsehbar, d. h. sie haben eine Vorder- und eine Rückseite. Ausnahme: Inselbeete, die als Unterbrechung im Rasen oder in einer gepflasterten Fläche liegen. Sie müssen von allen Seiten gleich attraktiv gestaltet sein (→ Seite 28).

Die optimale Beetgröße

Die traditionelle englische Staudenrabatte war bis zu 6 m tief und mindestens 8 m lang. Solche Ausmaße sind im normalen Garten undenkbar. Entscheidend aber ist immer die Tiefe der Beete: Je ausgedehnter, desto leichter lassen sich eine gut durchgestaffelte Pflanzung schaffen und auch Gehölze integrieren. Legen Sie Ihr Beet deshalb mindestens eineinhalb Meter tief an. In der Regel gilt: Hohe Stauden gehören nach hinten und niedrige nach vorn. Manchmal wirkt jedoch ein unregelmäßiges, wellenförmiges Bild viel spannender und natürlicher. ■

PRAXISINFO

Kletterpflanzen

Rankpflanzen sind ein besonderer Hingucker. Sie werden an Klettergerüsten aus Eisen oder Holz, z. B. in Form von Obelisken oder Kegeln, gezogen und tragen so, wie Gehölze, zur Struktur der Rabatte bei. Wählen Sie Arten und Sorten, die nicht zu groß werden, wie:

- ✗ Prunkwinde (*Ipomoea tricolor*), einjährig
- ✗ Duftwicke (*Lathyrus odoratus*), einjährig
- ✗ Waldrebe (*Clematis*, z. B. *C. alpina*, *C. viticella*, *C.* 'Jackmanii'), mehrjährig
- ✗ Kletterrose/Rambler (*Rosa*, z. B. 'Ghislaine de Féligonde', 'Félicité et Perpétué' oder 'Blush Noisette')

Bestandsaufnahme

Jeder Garten ist anders. Bevor Sie sich ans Planen und Pflanzen machen, heißt es also: das Grundstück genau unter die Lupe nehmen. »Enttäuschungen mit Stauden beruhen meist auf Gegenseitigkeit«, sagte schon der bekannte Gärtner Karl Foerster. Diese Weisheit kann man ohne Probleme auf andere Pflanzengruppen ausdehnen. Wer zum Beispiel eine Schattenstaude in die pralle Sonne oder ein Kraut für magere Böden in ein nährstoffreiches Beet setzt, darf sich nicht beklagen, wenn sie nicht zur Höchstform auflaufen.

Pflanzen wie der Sternkugel-Lauch lieben einen durchlässigen Boden.

Standortbedingungen

Wie ermittelt man denn nun den Standort?

➤ Ganz einfach geht es mit den **Licht- und Schattenverhältnissen.** Beobachten Sie den Platz, an dem Ihre Blumenbeete liegen. Wie verändert sich die Sonneneinstrahlung über den Tag? Wie verändern sich die Verhältnisse im Jahreslauf? Wo eine Mauer oder eine Hauswand im Frühjahr und Herbst lange Schatten wirft, kann es im Sommer trotzdem sonnig sein (→ Seiten 18 und 20).

➤ Auch der **Boden** ist immens wichtiger Bestandteil eines Standorts. Ob Sie es beispielsweise mit einem durchlässigen Sandboden oder einem schwer durchwurzelbaren Tonboden zu tun haben, können Sie selbst feststellen (→ Literatur Seite 61). Genauere Aussagen erhalten Sie, wenn Sie eine Bodenprobe an ein Labor schicken (→ Adressen Seite 61).

Regionale Verhältnisse

Bei schwierigen Boden- und Lichtverhältnissen haben Sie zwei Möglichkeiten: Man kann den Boden durch Zuschlagstoffe zum »Besseren« verändern. Oder Sie wählen Arten aus der zwar begrenzten, aber doch vorhandenen Zahl von Pflanzen, die sich für den schwierigen Standort eignen. Gehen Sie außerdem bei der Auswahl für Ihre Beete nicht nur auf den Stil von Haus und übrigem Garten ein. Achten Sie auch auf die Umgebung: Gärten in der Stadt etwa unterscheiden sich von denen auf dem Land. Und nicht nur die Pflanzenarten verändern sich von Gegend zu Gegend. Auch Materialien wie Natursteine, die man als Einfassung für die Beete verwenden kann, variieren. Abgesehen davon, dass die regionalen Baustoffe einfach gut passen, sind sie zudem meist günstiger als ortsfremdes Material.

Natürlich können Sie auch einen Bewuchs aus einer ganz anderen Region verwenden, dafür müssen Sie aber mehr

Kosten und Zeit für die Pflege investieren. Wenn Sie wenig Zeit für den Garten haben, sollten Sie vor allem auf pflegeleichte Stauden setzen.

Altes Beet verjüngen

Ältere Blumenbeete brauchen manchmal eine Rundumerneuerung. Vielleicht fehlt Ihnen inzwischen der frische Wind darin, oder die Farben gefallen Ihnen nicht mehr. Daneben können Beetstauden wie Herbst-Aster oder Sonnenbraut nach ein paar Jahren von innen verkahlen und blühfaul werden. Das heißt nicht, dass sie bald eingehen, sondern lediglich, dass man sie durch Teilen verjüngen muss. Sie zu behalten, lohnt sich in jedem Fall, auch wenn sie nicht mehr ins Konzept passen. Vielleicht können Sie sie ja an einem anderen Platz unterbringen. Notfalls verschenken Sie sie an Bekannte. Auf jeden Fall müssen alle Stauden ausgegraben werden.
Nachdem Sie den Boden sorgfältig aufbereitet haben (→ Seite 24), werden die frisch geteilten oder zugekauften Pflanzen neu arrangiert. Am besten machen Sie sich im Frühjahr oder Herbst, möglichst an einem bedeckten Tag, an diese Aufgabe.

In jedem Garten gibt es unterschiedliche Standorte: Sie können sonnig oder schattig, trocken oder frisch sein.

Die Lebensbereiche der Stauden

Gesunde, üppige und reich blühende Pflanzen mit möglichst wenig Aufwand – wer das erreichen will, muss sie vor allem an den richtigen Standort setzen. Ganz besonders vielseitig zeigen sich hierbei die Stauden. Sie besiedeln in der freien Natur Flächen im kühlen Schatten, in praller Sonne, auf sandigen, warmen Böden bis hin zu feuchten Sumpfzonen. Im Garten wird man allerdings weniger auf Stauden für Extremstandorte, sondern eher auf solche für Beet, Gehölzrand und Steinanlagen (→ Seiten 18 und 20) zurückgreifen. Teichbesitzer können sich unter den Arten für die Lebensbereiche Wasserrand und Wasser umsehen. ■

CHECKLISTE

Form & Stil

Legen Sie die Form Ihrer Beete anhand des Stils im übrigen Garten fest. Besonders gut kommen üppige Blüten im formalen Rahmen zur Geltung. Typische Elemente:

- ✔ Beete in geometrischen Formen, z. B. Rechtecke, Quadrate, Kreise, Ellipsen
- ✔ Symmetrisch angelegte Beete mit Wegekreuzen
- ✔ Einfassungen, z. B. aus Ziegeln, Eisenelementen oder Schnitthecken

>> Spezial

Ein Duftbeet mit Rosen

Ein Name fällt fast immer, wenn man nach der Lieblingspflanze fragt: die Rose. Eines ihrer Erfolgsgeheimnisse: der betörende Duft. Optisch kann man sie nicht wahrnehmen, aber für unsere Seele sind Düfte ein wahrer Hochgenuss. Gefühle, Stimmungen und vor allem Erinnerungen verbinden wir oft mit einem bestimmten Geruch. Duftende Pflanzen eignen sich deshalb gerade für einen Sitzplatz, wo man sie auch gebührend wahrnehmen kann.

Wer ein Duftbeet anlegen will, kommt an der Rose nicht vorbei. Für eine Rabatte kommen vor allem kleinere Strauch- (z. B. Portland-Rosen) und Beetsorten in Frage. Hat das Beet im Hintergrund eine Mauer oder ein Rankgerüst, bieten sich auch Kletterrosen an.

Es wäre jedoch schade, ein duftendes Beet nur mit Rosen zu gestalten. Schließlich gibt es noch so viele andere Wohlgerüche, die einem dadurch entgehen würden! Würzkräuter sind bekannt für ihre nasenbetörende Ausstrahlung. Und auch unter den Stauden, Ein- und Zweijährigen, Zwiebelpflanzen und gar Gehölzen wird man fündig. Manchmal sind es nur die Blüten, manchmal die Blätter, die in der Sonne und durch Darüberstreichen ihr Aroma entfalten. Etwas Besonderes sind Nachtdufter, wie Wunderblume (*Mirabilis*) und Nachtkerze (*Oenothera*). Die meist auch in hellen Farben blühenden Arten sind perfekte Begleiter für laue Sommerabende auf der Terrasse.

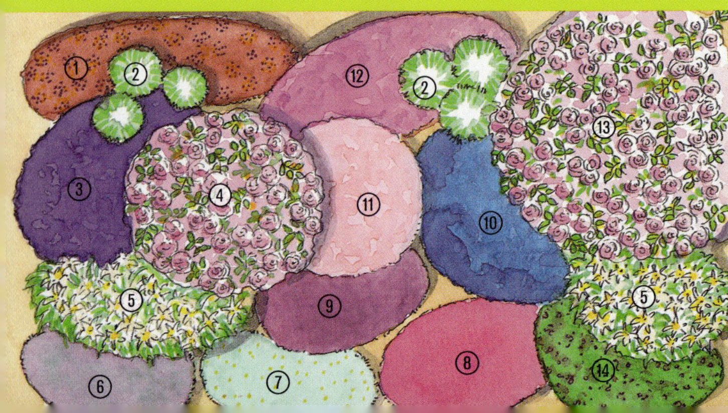

Diese Rabatte zum Nachpflanzen (→ Praxisinfo) misst etwa zwei auf drei Meter. Hier treffen süße und würzige, intensive und zarte Duftnuancen aufeinander.

Lilien und Rosen zählen unumstritten zu den Königinnen unter den Pflanzen. Beiden gemeinsam ist das oft betörende Aroma, das ihre eindrucksvollen Blüten verströmen.

Eine blaue Säckelblume (*Ceanothus*), Kletterrosen und die Katzenminze (*Nepeta*) im Vordergrund beleben eine fade Mauer mit Farbe und Duft.

PRAXISINFO

Pflanzen für das Duftbeet

① Bronze-Fenchel (*Foeniculum vulgare* 'Atropurpureum'): 5 St.
② Madonnen-Lilie (*Lilium candidum*): 6 St.
③ Indianernessel (*Monarda* 'Blaustrumpf'): 2 St.
④ Portland-Rose 'Madame Knorr': 1 St.
⑤ Taglilie (*Hemerocallis* 'Gentle Shepherd'): 2 × 2 St.
⑥ Thymian (*Thymus vulgaris* 'Compactus'): 3 St.
⑦ Heiligenkraut (*Santolina chamaecyparissus*): 2 St.
⑧ Pfingst-Nelke (*Dianthus caesius* 'Rosa Feder'): 4 St.
⑨ Dost (*Origanum laevigatum* 'Herrenhausen'): 3 St.
⑩ Katzenminze (*Nepeta sibirica*): 3 St.
⑪ Roter Sonnenhut (*Echinacea purpurea* 'Alba'): 2 St.
⑫ Phlox (*Phlox paniculata* 'Puderquaste'): 3 St.
⑬ Bourbon-Rose 'Louise Odier': 1 St.
⑭ Berg-Bohnenkraut (*Satureja montana*): 3 St.

Die Grundlagen der Gestaltung

Vielfalt ist schön – doch erst ein Konzept mit einem übergreifenden, verbindenden Thema lässt Ihr Blumenbeet richtig gut wirken.

Ein Farbschema ist eine Möglichkeit, die verschiedenen Pflanzen zu vereinen (→ Seiten 16 und 22). Auch das Prinzip der Leitstauden eignet sich: Bestimmte Pflanzen tauchen in mehr oder weniger regelmäßigen Abständen immer wieder in der Pflanzung auf und leiten das Auge. Nehmen Sie dafür Arten, die ganzjährig gut aussehen, z. B. Pfingstrosen oder Gräser. So bleibt der Effekt erhalten. Damit es nicht eintönig wird, pflanzen Sie sie in unterschiedlich großen Gruppen.

Durch unterschiedlich hohe Pflanzen entsteht ein spannendes Bild.

Höhenstaffelung

➤ Früher galt: Große Pflanzen kommen nach hinten ins Beet, niedrige nach vorn. Diese Anordnung müssen Sie heute nicht mehr streng befolgen. Bewährt haben sich beispielsweise wellenförmige Höhenmuster, die viel mehr Spannung bringen. Pflanzen Sie Gehölze und Leitstauden zudem nicht in Reih und Glied, sondern versetzt.

➤ Ein Grundsatz jedoch gilt nach wie vor: In den Vordergrund des Beetes gehören Pflanzen, die möglichst lange gut aussehen, wie Bergenie, Fetthenne oder Schleifenblume. Sie übernehmen dann eine abschließende Funktion, ähnlich wie Einfassungen (→ Seite 24).

Interessante Blattkontraste bieten Storchschnabel und Frauenmantel.

➤ Beachten Sie beim Anlegen des Beetes auch den Jahresrhythmus der Stauden und Zwiebelblumen. Frühjahrsblüher wie Margerite, Tränendes Herz oder Mohn, die nach der Blüte einziehen, gehören in den Hinter- bis Mittelgrund eines Beetes. Dort werden sie nach dem Abblühen und während ihr Laub vergilbt, von den Sommer- und Herbststauden wie Kissen-Aster, Fetthenne oder Sonnenhut verdeckt. Diese wiederum dürfen Sie, sofern sie nicht zu hoch werden, gerne vorn im Beet einfügen. Denn im Frühling, solange sie noch austreiben, lassen sie den Blick nach hinten frei.

Kleine und große Pflanzgruppen bilden ein abwechslungsreiches Mosaik.

Kontraste setzen

Die Blüten sind das Merkmal, das uns bei einer Pflanze als Erstes ins Auge sticht. Doch wenn Sie blühende Beete komponieren, sollten Sie auch auf Pflanzengestalten und Laubformen achten. Sie prägen den Charakter von Stauden viel länger als die Blüten. Ästhetisch und spannend wird es, wenn Sie auf Kontraste von Farben, Strukturen und Formen setzen, z. B. Wuchskontraste (wie hohe, schlanke gegen kleine, buschige Gestalten), Formenkontraste, wie große Einzel- gegen diffuse Schleierblüten oder schmale, halmartige gegen große Blätter.

Attraktiv das ganze Jahr

Ein Beet in allen Jahreszeiten attraktiv zu gestalten, ist nicht so schwer, da es reichlich Blüten im Angebot gibt. Immer- und wintergrüne Pflanzen wie Lavendel, Schleifenblume oder Schneeball sorgen dafür, dass das Beet auch im Winter Profil zeigt (→ Blütezeiten-Kalender Seite 56). Gräser, z. B. Rutenhirse oder Garten-Sandrohr, eignen sich ebenfalls dafür. Natürlich nur, wenn man sie nicht abschneidet. Das gilt übrigens auch für die dekorativen Samenstände mancher Stauden, wie Pfingstrose oder Fetthenne.

Geschickt anlegen

Verwenden Sie keine Staudenart zu großflächig. Sonst entstehen beim Abblühen zu große Lücken, die von den Nachbarpflanzen nicht mehr verdeckt werden. Legen Sie die einzelnen Gruppen dagegen in schmalen Bändern an, lassen sie sich leicht durch andere überdecken. ■

PRAXISINFO

Nahtloser Übergang

Das große Ziel im Blumenbeet ist, die verschiedenen Pflanzen so zu kombinieren, dass sie sich nacheinander in der Blüte oder mit attraktivem Laub ablösen. Besonders gut folgen aufeinander:

- Lerchensporn und Funkie
- Narzisse und Kreuzkraut
- Tulpe und Pfingstrose
- Gedenkemein und Farn
- Funkie und Herbst-Anemone
- Türken-Mohn und Sommeraster

Struktur ins Beet bringen

Ein perfektes Beet offenbart sich nicht im Sommer. Erst im Winter zeigt sich, ob es auch ohne Blüten einen attraktiven Anblick bietet. Nicht nur Winterblüher wie Christrosen oder Schneeball

Markante Pflanzen wie diese Canna strukturieren eine Rabatte.

sind dann gefragt, sondern auch interessante Strukturen, etwa von Gehölzen, die im Raureif oder Schnee glitzern.

➤ Bei Laub abwerfenden Arten verändert sich das Aussehen im Jahreslauf, auch wenn die Statur gleich bleibt: Blattwerk und Blüte, aber vor allem das blanke Geäst im Winter fesseln das Auge.

➤ Immergrüne Gehölze wie Buchs, Lorbeer-Kirsche oder Nadelgehölze (Koniferen) haben dagegen eine gleichbleibend beruhigende Ausstrahlung. Während sie von Frühjahr bis Herbst der überschäumenden, bunten Blütenfülle der Zwiebelpflanzen, Stauden und Einjährigen grüne Fixpunkte entgegensetzen, treten sie im Winter in den Vordergrund.

Faszinierende Gräser

Straff aufrecht, elegant überhängend oder in kleinen, festen Polstern – Gräser sind prädestiniert dazu, Struktur in ein Beet zu bringen. Mit ihren schlanken Gestalten vermitteln sie zwischen gegensätzlichen Farben und Formen. Und wenn sie selbst die Führungsrolle übernehmen, tun sie das nicht mit der Aufdringlichkeit einer Blütenpflanze. Obwohl viele Arten ihr Aussehen im Jahresverlauf mehrmals ändern, bleibt die wesentliche Ausstrahlung erhalten. Zum Beispiel die Rutenhirse: Sie treibt im Mai rötlich aus, später schieben sich die braunen Blütenrispen über die Blätter, und im Herbst entflammt sie in Rot- und Orangetönen.

TIPP

>> üppig und attraktiv

Markante Blütenformen

Abgesehen von den Farben können auch die Formen der Blüten ein Beet strukturieren. Wichtig dabei ist, dass Sie immer auf Kontraste setzen. Beispiele:

- **Ähren:** Salbei, Silberkerze, Fingerhut, Lupine
- **Dolden:** Phlox, Schafgarbe, Fetthenne
- **Kugeln, Quirle:** Kugeldistel, Zierlauch, Indianernessel
- **Rispen:** Goldrute, Mädesüß, viele Gräser
- **Schleierförmig:** Fenchel, Schleierkraut, Gräser

Die aufrechten Salbei-Gestalten heben sich von den Blattpolstern und duftigen Blütenwolken des Frauenmantels ab.

Auch im Winter bleibt ihr eleganter, filigraner Wuchs – jetzt in Braun – bestehen.

Stauden als Solisten

Ähnlich wie Gehölze können auch hohe Stauden mit ihrer eindrucksvollen Statur als feste Elemente in einer Pflanzung eingesetzt werden. Geeignet sind vor allem Spätsommer- und Herbstblüher, weil sie immer einen attraktiven Anblick bieten: Im Frühjahr schmückt der frischgrüne Austrieb, im Sommer der dichte Laubhorst, im Herbst die Blüte und im Winter die raureifbedeckten Fruchtstände. Allerdings passen die z. T. wuchtigen Gestalten nicht in schmale Beete.

Blattschmuck

Nicht nur mit Blüten kann man eine Rabatte zur Entfaltung bringen. Immer mehr Pflanzen zeigen sich mit interessanten Blattfarben. Ihr großer Pluspunkt: Sie schmücken weitaus länger als Blüten. Im Schatten leuchten weiße und gelbe Streifen, Punkte oder Flecken von Lungenkraut, Funkie oder Kaukasusvergissmeinnicht. Für sonnige Beete findet man vor allem dunkle Rottöne wie bei Purpurglöckchen und Wolfsmilch oder silbergraues Laub wie bei Heiligenkraut und Lavendel. Besonders bekannt für ihre auffälligen Blattfarben ist auch die einjährige Buntnessel. ■

PRAXISINFO

Grasgeflüster

Die besten strukturbildenden Gräser für Rabatten:

- Moor-Reitgras (*Calamagrostis × acutiflora*): bis 170 cm; Blüte Juni–Juli
- Palmwedel-Segge (*Carex muskingumensis*): mit Blüte (Juni–Juli) bis 75 cm
- Kleines Präriegras (*Schizachyrium scoparium*): 100 cm; stahlblaue Halme, im Herbst orange
- Rasenschmiele (*Deschampsia cespitosa* 'Goldtau'): 70 cm; immergrün; goldfarbene Blüte Juni–Juli
- Rutenhirse (*Panicum virgatum*): bis 120 cm; rötliche Herbstfärbung
- Wimper-Perlgras (*Melica ciliata*): bis 70 cm, hellgelbe Ährchen im Juni

Farbe heißt das Zauberwort

Farben können nicht nur die räumliche Wirkung eines Gartens verändern – im Blumenbeet beeinflussen sie vor allem unser Gemüt.

Bei der Gestaltung mit Pflanzen ist der Farbkreis ein gutes Hilfsmittel. Er ergibt sich aus der von der Natur durch die Wellenlängen des Lichts festgelegte Farbreihenfolge.

Im Farbkreis findet man keine »Nicht-Farben« wie Schwarz und Weiß.

➤ Man kann die drei Grund- oder **Primärfarben** Rot, Blau und Gelb erkennen.

➤ Dazwischen liegen die **Sekundärfarben**. Sie entstehen, wenn man zwei Grundfarben mischt: Orange (aus Rot und Gelb), Grün (aus Gelb und Blau) und Violett (aus Blau und Rot). Je nachdem, wie hoch der Anteil der einen oder anderen Grundfarbe ist, verändert sich das Ergebnis. Komplexere Abstufungen wie Rosa oder Braun werden allerdings nicht im Farbkreis angezeigt.

➤ Wie die einzelnen Farben wirken bzw. wie wir sie wahrnehmen, hängt bei einer Staudenpflanzung ganz entscheidend von Form und Struktur der Blüten ab (→ Seite 22). So wirkt z. B. das Weiß einer Margeritenblüte durch die offene Strahlenform wesentlich klarer und heller als das der kleinen Blütenköpfchen des Schleierkrauts.

Harmonien und Kontraste

➤ Anhand der Anordnung auf dem Farbkreis lassen sich **Farbgruppen** unterscheiden: warme und kalte, harmonische und kontrastierende Farben. Töne, die im Farbkreis nebeneinander liegen, wirken immer harmonisch, wie z. B. die Abfolge Orange, Orangegelb und Gelb.

➤ Doch gibt es auch **Kontraste**, die einfach zusammenpassen (→ Seite 22). Man erhält sie durch die sich im Farbkreis direkt gegenüberliegenden Farben, wie etwa Gelb und Violett. Der Name **Komplementärfarben** sagt schon aus, dass diese Töne sich perfekt ergänzen.

TIPP

>> üppig und attraktiv

Mehrfarbig

Viele Sorten vereinen mehrere Farben in einer Blüte und geben die besten Pflanzpartner vor:

➤ Elfenspiegel (*Nemesia*) 'Mango' blüht gelb-rosa – dazu passen z. B. rosa Verbenen und gelbe Kap-Margeriten.

➤ Weiße Margeriten haben eine gelbe Mitte – dazu passen gelbe Stauden.

➤ Während **Harmonien** immer entspannend, jedoch nicht langweilig auf das Auge wirken, entsteht durch Gegensätze ein lebhafter und meist auch besonders leuchtkräftiger Effekt.

➤ Bei intensiven warmen Farben sollten Sie ab und zu besänftigendes Weiß oder Grau – durch Blüten oder Laub – einstreuen.

Heiß und kalt

Farben haben unterschiedliche »Temperaturen«. Das lässt sich leicht nachvollziehen: Jeder Mensch assoziiert mit einer Farbe bestimmte Dinge oder Zustände: Blau mit Wasser, Rot mit Feuer, Gelb mit Sonne. Mit Wasser wiederum verbindet man Kühle, mit Feuer und Sonne Wärme. Alle Mischungen von Gelb und Rot ergeben warme Farben. Ein Gelb oder Rot mit vielen Blau-Pigmenten wirkt dagegen kühler. Warme Farben sollte man nicht großflächig verwenden, da sie sehr auffällig und beherrschend wirken (→ Abb. Seite 9). Sie treten optisch immer in den Vordergrund und verkleinern den Raum. Mit kühlem Blau und Blaugrün dagegen erzielen Sie genau das Gegenteil.

Perfekter Kontrast: Blau und Orange liegen sich im Farbkreis gegenüber.

Farbliche Dreiklänge

Verwenden Sie im Beet nicht zu viele verschiedene Farben, weil die Wirkung sonst verpufft. Wer sich nicht für einen Farbton und seine Schattierungen oder für zwei Komplementärfarben entscheiden kann, sollte es mit einem farblichen Dreiklang versuchen. Legen Sie ein gleichseitiges Dreieck in den Farbkreis, und Sie sehen, was zueinander passt: Rot, Blau und Gelb, die drei Primärfarben, oder Orange, Violett und Grün. ■

PRAXISINFO

Fremde Farben

Es gibt immer mehr Sorten, mit denen sich ganz neue Farbthemen gestalten lassen:

- ✗ **Grüne Blüten:** Zinnie 'Envy', Muschelblume, Ziertabak 'Lime Green'. Dazu passt Purpurrot, Weiß, Creme oder Orange.
- ✗ **Schwarzrote Blüten oder Blätter:** Stockrose 'Nigra', Melde 'Red Spire', Wachsblume. Dazu passt Orange, Grüngelb, Terrakotta.
- ✗ **Pflaumenfarben:** Lupine 'Thundercloud', Feuer-Salbei 'Vista Violett'. Dazu passt Rosa oder Zitronengelb.

Der sonnige Garten

Gelber Sonnenhut, roter Türken-Mohn und blauer Rittersporn – die auffälligsten Stauden wünschen sich einen Platz an der Sonne. Und nicht nur die Pflanzen – auch die meisten Gartenbesitzer wollen ihr grünes Paradies vor allem nutzen, um Sonne zu tanken. Nicht umsonst werden Terrassen in der Regel an der Südseite des Hauses angelegt. Farben wirken hier prächtiger, Düfte entfalten sich intensiver. Für die Pflanzen gelten Standorte als sonnig, wenn sie generell frei, ohne beschattende Bäume oder Hauswände im Garten liegen oder wenn sie für mehrere Stunden, gerade über die Mittagszeit, bestrahlt werden. Vor allem junge Gärten weisen noch einen hohen Anteil an sonnenbestrahlten Flächen auf. Der Boden kann hier unterschiedlich ausgeprägt sein (→ Seiten 8 und 24). Je nach Untergrund ist er eher trocken oder frisch. Unbestritten ist, dass man für diese Plätze unter dem größten Pflanzenangebot wählen kann. Schon allein von den strahlenden Prachtstauden, die einen freien Standort brauchen, gibt es neben den bekannten und bewährten Arten jedes Jahr unzählige Neuzüchtungen. Auch die meisten Ein- und Zweijährigen wie Sonnenblume, Ringelblume oder Bartnelke brauchen Sonne, um sich richtig entfalten zu können (→ Porträts ab Seite 40, Tabellen ab Seite 50).

Gelbe Blüten, wie hier vom Sonnenhut, sind typisch für Sonnenstauden.

Steingärten

Ein Steingarten kann aus regelmäßig aufgeschichteten Quadern oder locker angeordneten Findlingen bestehen, mit groben Felsbrocken oder feinkörnigem Schutt durchsetzt sein. In jedem Fall ist der Boden dazwischen und darunter durchlässig und eher nährstoffarm. Stauden wie niedrige Glockenblumen, Fetthennen oder Storchschnäbel entwickeln sich erst dann optimal. Die Steine sind wichtig, weil sie den Wurzeln der Pflanzen Kühle bieten, während sie die Wärme der Sonne für ihre oberirdischen Teile speichern. Auch viele Wildarten der Zwiebel- und Knollenpflanzen sowie Zwerggehölze fühlen sich im Steingarten wohl (→ Tabellen Seite 53 und 55).

Sonniger Gehölzrand

Selbst in der Nähe von Bäumen und Sträuchern gibt es sonnige Standorte. An nach Süden exponierten Gehölz-

Blauraute (Perovskia) *und Wolfsmilch fühlen sich an einem sonnigen, eher trockenen und durchlässigen Standort wohl.*

rändern kann es sehr warm werden. Geeignete Stauden für diesen Standort sind Wild-Astern (wie *Aster divaricatus*), die hohe Katzenminze (*Nepeta grandiflora*) oder der rosa blühende Ziest (*Stachys grandiflora*). Für ein attraktives Frühjahr sorgen auch hier Wildtulpen und andere kleine Zwiebelblüher (→ Tabelle Seite 55).

Die Tricks der Pflanzen

Pflanzen, die mit sehr heißen Standorten zurechtkommen, kann man oft an ihrem Äußeren erkennen. Dicke, so genannte sukkulente Blätter etwa weisen darauf hin, dass diese Arten Flüssigkeit für Notzeiten sparen. Ein bekanntes Beispiel sind Fetthennen (*Sedum*). Auch Tulpen, Iris oder Zierlauch haben Speicherorgane: ihre unterirdischen Zwiebeln und Rhizome. Graufilzige Blätter erscheinen uns silbergrün, weil das Laub mit vielen kleinen Härchen überzogen ist, die die Verdunstung herabsetzen. Beispiele: Lavendel, Heiligenkraut oder Woll-Ziest. ■

TIPP

>> üppig und attraktiv

Duftteppich

Duftende Trittpflanzen sind eine attraktive Alternative für Rasen an sonnigen Standorten:

- Englische Rasenkamille (*Anthemis nobilis* 'Treneague'): keine Blüte, sehr wüchsig und trittfest; Apfelduft
- Kümmel-Thymian (*Thymus herba-barona*): riecht nach Kümmel
- Kriechendes Berg-Bohnenkraut (*Satureja repanda*): weiße Blüten

PRAXISINFO

Rosen fürs Beet

Rosen brauchen einen sonnigen Standort. Achten Sie auf Höhe, Breite und Wuchsform der einzelnen Gruppen:

- **Flächen-Rosen:** flach oder bogig überhängende Triebe; bis zu 2 m lang
- **Zwergrosen:** buschig; bis 30 cm hoch und breit
- **Beet-/Edelrosen:** schmal aufrecht; 40–100 cm hoch
- **Strauchrosen:** aufrecht oder überhängend; 1–3 m hoch und breit
- **Stämmchen-Rosen:** auf 60, 90 oder 140 cm hohen Stämmen veredelt

Der (halb)schattige Garten

»Hilfe, unser Garten ist schattig!« Doch das bedeutet noch lange nicht, dass Sie auf üppige Blütenpracht verzichten müssen.

Dabei kann es im Schatten und vor allem im Halbschatten genauso bunt blühen wie auf sonnenbestrahlten Beeten. Sie müssen nur die richtigen Pflanzen wählen. Und davon gibt es gerade unter den Stauden eine große Auswahl.

Schatten ist nicht gleich Schatten

Schatten hat viele Gesichter. Keinesfalls ist er einfach nur dunkel, düster und feucht. Er kann tief, licht oder im Tagesverlauf wechselnd sein. In extremen Fällen ist er sehr trocken oder sehr nass.

Entstehen kann er durch Hauswände (Nordseite) und Mauern oder durch Gehölze, die im Garten wachsen. Während im Schatten von Gebäuden der Regenschatten problematischer ist als der mangelnde Lichteinfall, kommt es bei der Unterpflanzung von Gehölzen darauf an, wie dicht deren Blätter- oder Nadeldach ist: Durch alte Bäume dringt z. B. weniger Licht als durch frisch gepflanzte, unter Hochstämmen ist es lichter als unter Sträuchern.

Schattenstauden haben eines gemeinsam: Sie müssen jeden Herbst einiges an Laub schlucken, denn selbst Nadelhölzer werfen regelmäßig alte oder sogar alle Nadeln ab. Außerdem müssen die krautigen Gewächse im »Untergrund« mit dem bei Regen verstärkten Tropfenfall von oben zurechtkommen.

Die rot, rosa und weiß blühenden Prachtspieren zählen zu den attraktivsten Stauden für den Schatten und Halbschatten.

Lebensbereich Gehölz

➤ Das Laub und die Nadeln, die jährlich zu Boden fallen, haben einerseits eine schützende Funktion. Sie beeinflussen andererseits aber auch das Bodengefüge. Beim Verrotten setzen zum Beispiel die Nadelgehölze Säuren frei, die den Boden eher zum Sauren,

Bodendecker verweben sich schnell zu dichten Pflanzenteppichen.

also zu einem niedrigen pH-Wert tendieren lassen. Deshalb und wegen des starken Schattens unter den Immergrünen ist es nicht ganz einfach, unter Koniferen blühende Stauden anzusiedeln.

➤ Beim Unterpflanzen schon eingewachsener Gehölze mit Stauden müssen Sie auf deren Wurzeln achten. Flachwurzler wie Weigelie, Birke, Flieder oder Magnolie machen es mit ihrem dichten, oberflächennahen Geflecht schwierig, ein Pflanzloch zu graben. Stauden haben zudem kaum eine Chance, sich gegen die schier übermächtige Konkurrenz um Wasser und Nährstoffe durchzusetzen. Ähnlich schwierig ist es zwischen Ausläufer treibenden Gehölzen wie Strauch-Rosskastanie, Sanddorn oder Essigbaum.

➤ Weniger oder gar keine Mühe machen dagegen Tiefwurzler wie Rotdorn, Hibiskus oder Kirsche.

Besonders pflegeleicht

Stauden, Sommerblumen und Zwiebelpflanzen für den Schatten sind zwar meist weniger auffällig blühend als ihre sonnigen Verwandten. Dafür sind sie extrem pflegeleicht. Vor allem die Bodendecker verweben sich mit der Zeit zu dichten Teppichen, die zuverlässig Unkraut unterdrücken. Und das ohne Zutun – im Gegenteil: Es ist besser, nicht ständig zu hacken und zu zupfen. Damit würden Sie diese Pflanzen nur stören. So liefern sie einen perfekten Ersatz für Rasen im Schatten, der dort sonst nur lückenhaft und spärlich wächst. An feuchten Standorten können Sie stattdessen Schaumblüte (*Tiarella*) oder Taubnessel (*Lamium maculatum*) anpflanzen. Und selbst für trockene Schattenplätze gibt es viele Möglichkeiten (→ Praxisinfo). ■

PRAXISINFO

Trockener Schatten

Als extrem schwierig gelten trockene, schattige Plätze. Doch auch hier gedeihen einige Stauden zuverlässig:

- ✗ Frauenmantel (*Alchemilla mollis*): gelbgrüne Blüten
- ✗ Elfenblume (*Epimedium* × *perralchicum*): gelbe Blüten
- ✗ Lungenkraut (*Pulmonaria officinalis*): blüht rosa, blau, violett und weiß
- ✗ Kleines Immergrün (*Vinca minor*): blau, weiß oder rot
- ✗ Waldsteinie (*Waldsteinia ternata*): gelbe Blüten
- ✗ Wald-Marbel (*Luzula sylvatica*): wintergrünes Gras

CHECKLISTE

Der richtige Abstand

Abhängig von ihrem Ausbreitungsdrang, dem Standort und den Nachbarn, gibt es für jede Staude individuelle Pflanzweiten. Die folgenden Angaben können Ihnen aber als grobe Richtlinie dienen:

- ✔ **Hohe und breit wachsende Arten** ab etwa 80 cm: 1–3 Pflanzen pro m^2
- ✔ **Mittelhohe Arten** (etwa 40 bis 80 cm): 4–5 pro m^2
- ✔ **Niedrige Arten** bis etwa 40 cm Höhe: 6–8 pro m^2
- ✔ **Bodendecker** bis etwa 15 cm Höhe: 9–10 pro m^2

>> Spezial

Ein Beet in Ihrer Lieblingsfarbe

Mit Farben kann man die unterschiedlichsten Stimmungen und Wirkungen erzeugen. Auch im Beet!

➤ Anregend oder aufregend, beruhigend oder belebend – in einer sonnigen Rabatte mit blauen und gelben Stauden vereinen sich zwei gegensätzliche Farben. Obwohl sie sich im Farbkreis (→ Seite 16) nicht direkt gegenüberliegen und deshalb eigentlich keine Komplementärfarben sind, ergänzen sie sich sehr gut:

➤ Das warme Gelb wird noch strahlender und heller, das kühle Blau noch edler und unnahbarer. Gelb spielt den auffallenden, aber nicht aufdringlichen Part in dieser Komposition, während das zurückhaltendere und den Raum weitende Blau die Gesamtwirkung beruhigt.

➤ Mit Blau und Gelb klappt die farbliche Kontinuität gut. Im Frühjahr kann man neben vielen Zwiebelpflanzen auf Gämswurz und Lungenkraut zurückgreifen. Im Sommer werden diese den Halbschatten liebenden Arten von Glockenblumen, Rittersporn, Sonnenhut und Mädchenauge überdeckt. Im Herbst wird man bei Astern, Goldrute und Eisenhut fündig.

➤ Nichts spricht dagegen, in einem Beet über das Jahr hinweg mit den Farben zu variieren. Oft ist man sogar dazu gezwungen, die Jahreszeiten unterschiedlich zu gestalten, weil man keine passenden Pflanzen findet. Eine Rabatte, die im Frühjahr in Grün und Weiß gehalten ist, kann im Sommer orangegelb erglühen und den Herbst in Violett und Dunkelrot antreten.

Ganz in Gelb und Blau ist dieses etwa zwei mal drei Meter große Staudenbeet zum Nachpflanzen (→ Praxisinfo) gehalten. Als Leitstauden ragen Rittersporn und die Herbst-Aster heraus.

Verschiedene Blautöne von Lupinen, Rittersporn, Katzenminze und Bart-Iris verbinden sich zu einem harmonischen Ganzen. Blau wirkt zudem optisch erweiternd.

Von wegen Grau in Grau: Dank der weißen Lichtpunkte und der unterschiedlichen Blattstrukturen wirkt diese Pflanzung alles andere als eintönig.

PRAXISINFO

Pflanzen für das Farbbeet

① Gämswurz (*Doronicum orientale* 'Magnificum'): 3 St.
② Herbst-Aster (*Aster laevis* 'Blue Bird'): 2 × 1 St.
③ Taglilie (*Hemerocallis*-Hybride 'Golden Chimes'): 3 und 2 St.
④ Kissen-Aster (*Aster dumosus* 'Herbstpurzel'): 2 und 3 St.
⑤ Frauenmantel (*Alchemilla mollis*): 3 St.
⑥ Rittersporn (*Delphinium-Belladonna*-Hybride 'Atlantis'): 1 St.
⑦ Rittersporn (*Delphinium-Elatum*-Hybride 'Polarnacht'): 1 St.
⑧ Sonnenhut (*Rudbeckia fulgida* var. *deamii*): 3 St.
⑨ Goldrute (*Solidago*-Hybride 'Goldenmosa'): 3 St.
⑩ Salbei (*Salvia nemorosa* 'Caradonna'): 4 St.
⑪ Pracht-Storchschnabel (*Geranium* × *magnificum*): 3 St.
⑫ Stauden-Sonnenblume (*Helianthus decapetalus* 'Capenoch Star'): 1 St.

Das Beet richtig vorbereiten

Ein gut vorbereitetes Beet ist das A und O, damit Sie jahrelang Freude an den Blütenpflanzen haben.
Der ideale Boden ist feinkrümelig-locker, eher alkalisch (nicht sauer), ausreichend mit Wasser und Nährstoffen versorgt und frei von Unkraut. Bevor Sie also mit dem Pflanzen loslegen, steht eine genaue Bestandsaufnahme des Gartenbodens an (→ Seite 8). Nur so können Sie ermitteln, welche Pflanzen dazu passen bzw. welche Zuschlagstoffe Sie evtl. zur Bodenverbesserung brauchen (→ Praxisinfo).

Eine Einfassung, z. B. aus Frauenmantel, gibt dem Beet einen Rahmen.

Ein neues Beet anlegen

➤ Bevor Sie ein neues Beet festlegen, markieren Sie die Umrisse mit einer Schnur oder einem Gartenschlauch. So lassen sich die beste Lage und Größe leicht ermitteln.
➤ Steht dies fest, stecken Sie das Beet ab. Anschließend lockern Sie den Boden mindestens spatentief.
➤ Entfernen Sie sämtliche Unkräuter. Mit einer Grabegabel hacken Sie Wurzelunkräuter nicht in Stücke, sondern können sie im Ganzen aus der Erde ziehen.
➤ Mit der Grabegabel arbeiten Sie dann auch die Zuschlagstoffe ein.
➤ Zum Schluss der Bodenvorbereitung ziehen Sie mit einer Harke die Oberfläche glatt. Steine und grobe Schollen werden entfernt. Als Ergebnis sollte der Boden so tiefgründig und feinkrümelig sein, dass Sie mit der Hand pflanzen können.
➤ Vor dem Pflanzen stellen Sie die Gehölze, Stauden oder Sommerblumen für mindestens zehn Minuten ins Wasser. Danach werden sie so auf dem Beet ausgelegt, wie sie nachher stehen sollen.

Gründüngung

Besonders bei verdichteten Böden, wie sie oft bei Neubauten vorkommen, ist es besser, noch eine Saison mit dem Pflanzen zu warten. Stattdessen sät man Gründüngungspflanzen wie Bienenfreund, Lupine oder Senf ein. Nach der Blüte werden sie abgemäht und in den Boden eingearbeitet. Sie binden Stickstoff und verbessern und lockern mit ihrem Wurzelsystem den Boden so, dass Sie ihn danach problemlos bepflanzen können.

Beeteinfassungen

So wie ein passender Rahmen ein Gemälde erst richtig zur Geltung kommen lässt, verhelfen Einfassungen einem Blumenbeet zur perfekten Wirkung. Sie können dafür dekorative Steine, hochkant

1 Markieren
Legen Sie Lage und Größe des neuen Beets fest, indem Sie es mit einer Schnur abstecken.

2 Abstechen
Mit dem Spaten werden erst die Kanten exakt abgestochen und dann feste Erdschichten gelockert.

3 Einarbeiten
Mit der Grabegabel arbeiten Sie die eventuell notwendigen Zuschlagstoffe ein.

verlegte Klinker oder einfache Bretter verwenden. Auch Fertigelemente aus Weidengeflecht, Terrakotta, Gusseisen oder Kunststoff gibt es in zahlreichen Ausführungen. Am schönsten sind jedoch Umrahmungen aus Pflanzen. Beliebt sind niedrige Buchshecken. Die besten Sorten für Einfassungen sind 'Blauer Heinz' und 'Suffruticosa'. Ein anderes geeignetes Gehölz ist die Berberitze (z. B. *Berberis thunbergii* 'Kobold' oder 'Atropurpurea Nana'). Als Beetabschluss geeignete Stauden sind kompakte, immergrüne Gattungen (Bergenie, Woll-Ziest, Gamander, Heiligenkraut) oder ausdauernde Kräuter wie Weinraute, Thymian, Ysop oder Lavendel.

Qualität einkaufen

Damit sich Ihre Pflanzen gut entwickeln, sollten Sie schon beim Einkauf auf ein paar Merkmale achten:

➤ Untersuchen Sie Blätter und Knospen auf Schadtiere oder Krankheiten (Flecken).
➤ Lassen Sie Pflanzen mit verdrehten, faulenden oder schwachen Wurzeln stehen.
➤ Greifen Sie zu bei kräftigen, gut verzweigten und kompakten Exemplaren.
➤ Wählen Sie bei Zwiebeln immer die größten aus.
➤ Bei Stauden geht der Preis nach der Topfgröße. Kontrollieren Sie deshalb, ob sie gut durchwurzelt und die Kosten gerechtfertigt sind.
➤ Sträucher werden nach Größe und Anzahl der Triebe, Bäume nach Stammumfang berechnet. Bei Ballenware ist das mehrfache »Verschulen« (= Verpflanzen in der Baumschule) ein weiteres Qualitätskriterium. ■

PRAXISINFO

Schwierige Böden verbessern

Zeitbedarf Sandböden: 6–7 Minuten pro Quadratmeter

Material:
✗ Humus (Kompost, verrotteter Rinder- oder Pferdemist)
✗ Algenkalk

Werkzeug:
✗ Grabegabel oder Sauzahn

Zeitbedarf Tonböden: 15 Minuten pro Quadratmeter

Material:
✗ Sand
✗ langfristig: Gründüngungssaatgut

Werkzeug:
✗ Spaten oder Hauhacke

Wie wird gepflanzt?

Wer beim Einpflanzen ein paar grundlegende Dinge beachtet, sichert sich den blühenden Erfolg.

Machen Sie nicht den Fehler, Ihre Rabatten zu dicht zu bepflanzen. Die Folge wäre, dass sich viele Stauden aufgrund der großen Konkurrenz der Nachbarpflanzen schon nach kurzer Zeit verabschieden. Oder Sie müssen Pflanzen herausnehmen, weil es im Beet zu eng wird – das Geld hätten Sie sich sparen können. Der richtige Pflanzabstand ist also enorm wichtig. Um ihn zu ermitteln, müssen Sie mit der endgültigen Größe einer Pflanze kalkulieren (→ Checkliste Seite 21).

Gehölze zuerst

Sträucher werden selten in nahezu ausgewachsener Größe gekauft, das wäre zu teuer. Meist erwirbt man sie als 60–100 cm hohe Pflanzen. Am Bildetikett ist vermerkt, wie groß und breit der Strauch wird. In jedem Fall werden Gehölze in einem Beet zuerst gepflanzt. Sie haben allein durch ihre Größe und Gestalt eine besondere raumbildende Funktion. Als Nächstes kommen die Stauden. Sie weben den blühenden Teppich um die Gehölze und geben dem Beet das sich im Jahresverlauf verändernde Gesicht und die Farbe. Zwiebeln und Knollen wie auch die Ein- und Zweijährigen setzen Sie als Letzte ins Beet. Sie dienen meist als frühe Farbkleckse (Zwiebelblumen) oder schnelle Lückenfüller (Sommerblumen).

Übertragen Sie die Pflanzflächen vom Plan mit Sand auf das Beet. Dann stellen Sie die Pflanzen entsprechend aus.

Nützliche Geräte

Zum Pflanzen und Schneiden, Bodenlockern und Unkrautjäten benötigt man ein paar Helfer.

➤ Für tiefgründiges Lockern des Bodens bei Beeten, die Sie neu anlegen (→ Seite 24), eignen sich **Grabegabel** oder **Sauzahn** (für leichte Böden),

Gutes Werkzeug ist eine wichtige Voraussetzung für erfolgreiches Gärtnern. Praktisch sind kleine Handgeräte.

Spaten oder **Hauhacke** (für schwere Böden).

➤ Zum oberflächlichen Lockern in bepflanzten Rabatten verwendet man **Grubber** (für leichte Böden), **Doppelhacke** oder **Lüfter** (für schwere Böden). Praktisch sind Stiele mit auswechselbaren Geräteaufsätzen.

➤ Zum Schneiden und Vermehren der Pflanzen ist eine **Schere** vonnöten.

Ganz wichtig: Setzen Sie beim Kauf von Gartengeräten unbedingt auf Qualität! Billigangebote halten meist nicht so lange und werden oft sogar noch zur Gefahr, wenn sie splittern und brechen.

Wie pflanzen?

➤ Generell gilt beim Pflanzen, dass das ausgehobene Loch etwa doppelt so groß sein sollte wie der Topfballen. So können sich die Wurzeln in der neuen, lockeren Erde schneller ausbreiten.

➤ Die ausgehobene Erde wird danach wieder zum Füllen benutzt und um die Pflanze herum angedrückt.

➤ Vor allem wurzelnackte Pflanzen (die ohne Wurzelballen verkauft werden) werden mit reichlich Wasser gründlich eingeschlämmt, damit um die Wurzeln keine Hohlräume bleiben.

➤ Gepflanzt werden sie so tief, wie sie in der Baumschule gestanden haben. Sie erkennen das an der unterschiedlichen Farbe der Rinde.

➤ Bei Rosen gibt es eine Besonderheit: Die Veredlungsstelle muss unbedingt 5 cm tief in den Boden, was sowohl die Frosthärte der Rose verbessert als auch die Bildung von Wildtrieben vermindert.

➤ Für Zwiebel- und Knollenpflanzen gilt: In leichten Böden kommen sie dreimal so tief in den Boden, wie die Zwiebel hoch ist, in schweren Böden zweimal so tief.

➤ Am einfachsten zu handhaben sind Pflanzen aus dem Topf. Man pflanzt sie im Garten genau so tief, wie sie im Topf gestanden haben. ■

PRAXISINFO

Optimale Pflanzzeit

Containerware kann man ganzjährig pflanzen – sofern der Boden nicht gefroren ist. Sonst gilt:

✗ Unter den **Stauden** bevorzugen Pfingstrose und Türken-Mohn eine Herbstpflanzung; alle Herbst-Astern, Herbst-Anemonen, Lavendel und Katzenminze wachsen am besten im Frühjahr an.

✗ Wurzelnackte **Gehölze** oder Ballenware (ohne Topf, mit verpacktem Wurzelballen) müssen im Herbst oder Vorfrühling in den Boden.

✗ **Zwiebeln** von Frühjahrsblühern werden im Herbst, die der Sommer- und Herbstblüher im Frühjahr ausgebracht.

>> Spezial

Ein Inselbeet nicht nur mit Sommerblumen

Ein Inselbeet könnte die perfekte Lösung sein, wenn Sie noch nach dem i-Tüpfelchen für Ihre Terrasse oder Rasenfläche suchen.

Das Besondere daran: Durch seine zentrale Lage wird es in jedem Fall zum Hingucker. Inselbeete haben nicht nur eine Schokoladenseite und sollten dementsprechend von jedem Standort aus gleich attraktiv aufgebaut sein. Groß in Mode waren Inselbeete im England vor hundert Jahren: Mit schrillen Sommerblumen gefüllt, lagen die runden Beete mitten im Rasen; zwischen den einzelnen Pflanzen musste die nackte Erde sichtbar bleiben. An diese angestaubte Art der Gestaltung muss man sich heute zum Glück nicht mehr halten. Die blühenden Oasen können auch den Mittelpunkt zweier Wege bilden, inmitten einer Kiesfläche liegen oder gar Ihren Terrassenbelag unterbrechen. Sie können jede Form annehmen und natürlich auch mit Stauden und Gehölzen bestückt ein. Noch ein paar Tipps:

- Wählen Sie als Abgrenzung immer Pflanzen mit dichtem Laubwerk oder großen Blättern (→ Seite 24). Sie trennen die Insel optisch von der Umgebung und verhindern, dass z. B. der Rasen ständig ins Beet wandert. Unterstützend wirkt eine Einfassung aus Steinen.
- Legen Sie die Beetgröße passend zur Umgebung fest. Zu kleine Inseln wirken verloren, zu große erdrückend.
- Entscheiden Sie sich konsequent entweder für freie oder geometrische Formen.

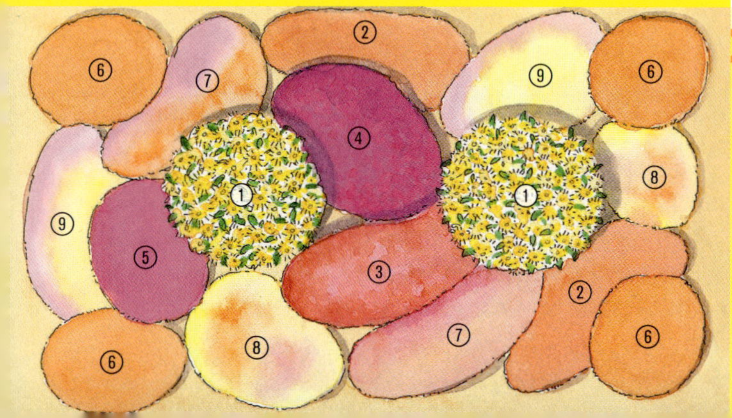

Nur Einjährige (außer Dahlien) enthält dieses ein auf zwei Meter große Beet zum Nachpflanzen (→ Praxisinfo). Es besticht mit einem Feuerwerk aus Gelb-, Rosa- und Orangetönen.

Ein klassisches Inselbeet lag mitten im Rasen. In der modernen Fassung verläuft es als unregelmäßiges, bunt blühendes Band über das gesamte Grün.

Die formale Variante eines Inselbeets kann sogar mitten in der Terrasse stehen. Strenge Buchshecken umrahmen dabei, wie hier, Rosenhochstämmchen und Lavendel.

PRAXISINFO

Pflanzen für das Inselbeet

Weil Sommerblumen dichter gepflanzt werden als Stauden, ist der Ausschnitt dieses Beets kleiner gewählt. Sie können ihn für ein größeres Beet beliebig oft wiederholen.

① Dahlie (*Dahlia*-Hybride 'Jescot Julie'): 2 × 1 St.
② Zinnie (*Zinnia elegans* 'Lilliput Gem Orange'): 2 × 5 St.
③ Zinnie (*Z. elegans* 'Benarys Riesen Violett'): 5 St.
④ Schmuckkörbchen (*Cosmos bipinnatus* 'Sensation Pink'): 5 Stück
⑤ Schmuckkörbchen (*Cosmos bipinnatus* 'Gazebo Pink'): 3 St.
⑥ Studentenblume (*Tagetes tenuifolium* 'Puszta-Zauber'): 4 × 3 St.
⑦ Löwenmäulchen (*Antirrhinum majus* 'Frosted Sunset'): 2 × 5 St.
⑧ Elfenspiegel (*Nemesia* 'Mango'): 2 × 3 St.
⑨ Ringelblume (*Calendula officinalis* 'Pink Surprise'): 2 × 5 St.

Stauden und Sommerblumen

Ein Garten voll bunter Blüten – da braucht es schon einige Pflanzen. Vermehren Sie sie doch einfach selbst! Bei Stauden ist es besonders einfach: Wer einmal eine Art angesiedelt hat, kann daraus in der Regel recht einfach mehrere Exemplare machen.

Viele Stauden, wie die Akelei, säen sich bereitwillig selbst aus.

Stauden teilen

Am zuverlässigsten ist das Teilen der Pflanzen. Es klappt bei fast allen Stauden und Gräsern, die schon größere Horste gebildet haben. Frühjahrs- und Sommerblüher werden im Oktober, Herbstblüher im März/April geteilt.

➤ Die Pflanze mit der Grabegabel aus dem Boden heben.
➤ Mit dem Messer den Wurzelballen in mindestens faustgroße Stücke schneiden.
➤ Den Blattschopf auf etwa 10 cm kappen (senkt die Verdunstung) und vorhandene Blüten entfernen.
➤ Pflanzen Sie die Teilstücke wieder ins Beet.

Wurzelschnittlinge

Teilen funktioniert nicht bei Stauden mit langen Pfahlwurzeln, wie Lupine, Türken-Mohn oder Flammenblume. Diese Arten vermehrt man stattdessen durch Wurzelschnittlinge.

➤ Pflanze im Herbst mit der Grabegabel hochnehmen.
➤ Schneiden Sie Wurzeln mit etwa 5 mm Durchmesser in 5–7 cm lange Stücke.
➤ **Wichtig:** Markieren Sie das obere und das untere Ende, z. B. indem Sie das Teilstück an einer Seite gerade, an der anderen schräg abschneiden. Die Wurzeln wachsen nur, wenn sie richtig herum in die Erde kommen!
➤ Wurzelstücke senkrecht ganz in einen Topf stecken, der bis zum Rand mit Vermehrungserde gefüllt ist.
➤ Erde darüberstreuen, angießen. **Vorsicht:** Bei zu viel Nässe faulen die Wurzeln!
➤ Töpfe über Winter frostfrei und hell stellen; regelmäßig gießen; Pflänzchen im Frühjahr ins Beet setzen.

Stecklinge nehmen

Der beste Zeitpunkt für Stecklinge von Stauden ist, wenn die Triebe ausgereift sind, aber noch keine Blüten gebildet haben.

➤ Nehmen Sie von der Mutterpflanze mit einer scharfen Schere ein paar gesunde Triebe von 5–10 cm Länge ab.
➤ Braune Blätter und eventuell vorhandene, Kraft raubende Knospen entfernen.
➤ Setzen Sie direkt unter einem Blattpaar den Schnitt an; die zwei Blattpaare darüber entfernen. Große Blätter an der Spitze einkürzen.
➤ Steckling in Bewurzelungspulver (im Fachhandel)

1 Stauden teilen

Nehmen Sie die Pflanze aus dem Boden und teilen Sie den Horst mit dem Spaten in Stücke. Diese werden dann wieder eingepflanzt.

2 Stecklinge schneiden

Von der Mutterpflanze wird ein 5–10 cm langer Trieb abgenommen und in Erde gesteckt. Hohe Luftfeuchte löst dann die Bewurzelung aus.

3 Wurzelschnittlinge

Bleistiftdicke Wurzeln werden auf 5–7 cm gekürzt und mit dem Kopf nach oben in Erde gesteckt. Schon bald erscheint das erste Grün!

tauchen, in Töpfe mit Vermehrungserde stecken.

➤ Angießen und eine Folienhaube überstülpen. Befeuchten Sie die Stecklinge regelmäßig mit einer Sprühflasche. Sie brauchen eine stetig hohe Luftfeuchte, um zu wurzeln!

➤ Wenn sich Wurzeln gebildet haben, Folie abnehmen und die Pflänzchen langsam ans Gartenklima gewöhnen, z. B. auf der Fensterbank, bevor sie ins Beet kommen.

Aus Samen ziehen

Stauden kann man auch aussäen; manche machen das sogar von ganz allein (→ Tabellen ab Seite 50). Jedoch können dabei die typischen Eigenschaften der Mutterpflanze verloren gehen. Außerdem haben die Tochterpflanzen eine wesentlich längere Entwicklungszeit. Sommerblumen dagegen erhalten sich nur über Aussaat.

➤ **Einjährige** dürfen ab Mitte Mai nach draußen, werden aber auf der Fensterbank vorgezogen, damit sie schneller blühen.

➤ Säen Sie die Samen nach Anleitung in Töpfe oder Kisten mit Vermehrungserde.

➤ Mit einer Sprühflasche befeuchten, damit Sie die Samen nicht wegschwemmen.

➤ Erscheinen die ersten Blättchen, hell stellen und langsam ans Freie gewöhnen.

➤ **Zweijährige** säen Sie im August direkt ins Beet. ■

PRAXISINFO

Stauden vermehren

🕓 **Zeitbedarf:** pro Pflanze und Methode ca. 30 Minuten

Material:
- ✗ Vermehrungserde
- ✗ Töpfe, Anzuchtschalen, Multitopfplatten, Torf- oder Kokosquelltöpfe
- ✗ Kunststofftüten, Glasscheiben oder -platten
- ✗ Bewurzelungspulver (im Gartenfachhandel)
- ✗ Etiketten und Stift

Werkzeug:
- ✗ Gartenschere, -messer
- ✗ Grabegabel
- ✗ Gießkanne, Sprühflasche
- ✗ Pikierstab

Gehölze und Zwiebelblumen

Gehölze selbst vermehren? Was Ihnen vielleicht etwas ungewöhnlich erscheint, ist eine spannende und gar nicht so schwere Sache. Stecklinge oder Steckhölzer können helfen, wenn Sie einen Strauch vermehren wollen, dessen Sortennamen Sie nicht kennen. Zudem schonen Sie damit Ihren Geldbeutel (→ Spartipp). Bis die Sträucher groß sind, dauert es allerdings ein paar Jahre.

Bei Dahlien trennt man nur die Seitenknollen, die eine Triebspitze zeigen, ab.

Steckhölzer

Diese Vermehrungsart funktioniert bei fast allen Gehölzen. Die Steckhölzer werden im späten Herbst genommen.

➤ Schneiden Sie einen verholzten, knapp bleistiftdicken Zweig von etwa 20 cm Länge vom Strauch knapp über bzw. unter einem Blattknoten ab.
➤ Oben und unten dabei z. B. durch gerade und schräge Schnitte markieren.
➤ Stecken Sie die Triebstücke mit dem Kopf nach oben in mit feuchtem Sand gefüllte Töpfe. Über Winter feucht und kühl halten.
➤ Im Frühjahr kommen die Hölzer in den Boden. Dabei sollten ein bis zwei Blattknoten aus der Erde schauen.

Stecklinge nehmen

Abgeschnittene Zweige einiger Laubgehölze, z. B. von Weiden, bewurzeln sich, sobald sie in Erde oder Wasser kommen. Andere, wie z. B. Buchs (→ Spartipp), brauchen Zeit und Zuwendung.

➤ Schneiden Sie ein etwa 10 cm langes Triebstück vor oder nach der Blüte ab.
➤ Untere Blätter entfernen, in einen Topf mit Vermehrungserde geben, gießen, mit einer Plastikhaube abdecken.
➤ Wärme und hohe Luftfeuchtigkeit (Plastikhaube) lösen die Wurzelbildung aus.
➤ Die Stecklinge können im nächsten Frühjahr ins Beet.

Absenker bewurzeln

Laubgehölze mit langen, biegsamen Trieben, z. B. Rhododendren, kann man durch Absenker vermehren. Die

>> üppig und attraktiv

SPARTIPP

Buchsstecklinge

So vermehren Sie Buchs selbst:

➤ Nehmen Sie 10–15 cm lange Jahrestriebe.
➤ Diese im April oder August aus den Zweigachseln reißen (nicht schneiden!).
➤ Untere Blätter entfernen; schräg und tief in ein schattiges Beet stecken, gießen; nie austrocknen lassen!

Steckhölzer werden über Winter in feuchten Sand eingeschlagen.

beste Zeit dafür ist zwischen März und Mai.

➤ Drücken Sie einen mit der Mutterpflanze verbundenen Zweig vorsichtig zu Boden.

➤ In der Biegung die Rinde auf der Unterseite mit einem Messer leicht einritzen, ein Steinchen einklemmen, um den Spalt offen zu halten. Hier bilden sich die Wurzeln.

➤ Wo der Trieb den Boden berührt, heben Sie eine Mulde aus, legen den Triebabschnitt hinein und befestigen ihn mit Drahtklemmen.

➤ Mit Kompost abdecken und gut angießen. Treibt das abgesenkte Stück neu durch, haben sich Wurzeln gebildet, und man kann den Zweig von der Mutterpflanze trennen.

Aus Samen ziehen

Gehölze auszusäen, ist eine langwierige Angelegenheit und bei vielen Sorten gar nicht möglich. Bei Zwiebelpflanzen ist es dagegen durchaus lohnend. Damit sich Samen bilden, darf man verblühte Stängel nicht abschneiden. Lagern Sie die abgesammelten und gut getrockneten Samen dunkel und trocken. Bei sommerblühenden Zwiebeln empfiehlt sich die Aussaat im Frühjahr, bei frühjahrsblühenden dagegen im Sommer.

➤ Geben Sie die Samen in Töpfe mit Vermehrungserde. Leicht mit Erde abdecken und anfeuchten.

➤ Mit Glasplatte oder Folie abdecken, warm stellen.

➤ Erscheinen erste Blätter, können Sie auspflanzen.

Brutknollen und -zwiebeln

Zwiebel- und Knollenpflanzen (→ Tabelle Seite 55) vermehrt man am einfachsten über Brutzwiebeln und -knollen, die kleineren Ausgaben der Speicherorgane, die die Pflanze stetig bildet.

➤ Schneiden Sie die Blüten der entsprechenden Pflanzen vor dem Aufblühen ab.

➤ Graben Sie die Zwiebeln nach dem Einziehen der Blätter aus und brechen Sie die Tochterzwiebeln ab.

➤ Im Herbst die Zwiebelchen in ein speziell angelegtes Beet mit besonders durchlässigem Boden pflanzen.

➤ Blüten, die im nächsten Frühjahr erscheinen, knipsen Sie ab, um die junge Zwiebel nicht zu schwächen. ■

PRAXISINFO

Rhizome vermehren

Rhizome, wie z. B. von Schwertlilien (*Iris*), werden folgendermaßen geteilt:

✗ Horst ausgraben, einzelne Rhizome mit einem scharfen Messer abtrennen. Nur die äußeren, jungen Rhizomstücke verwenden!

✗ Überlange Wurzeln und Blätter etwas einkürzen.

✗ Das Teilstück eher waagerecht einpflanzen, und zwar so, dass die Hälfte des Rhizoms aus der Erde schaut.

✗ Einmal gut angießen.

Der richtige Schnitt

Es gibt viele Gründe, warum man bei Gehölzen, Stauden und Zwiebelpflanzen ab und zu die Schere ansetzen sollte. Sträucher kann man dadurch verjüngen, auslichten, in Form schneiden oder ihnen zu einer reicheren Blüte verhelfen. Stauden können durch Rückschnitt ein zweites Mal oder später und üppiger blühen. Allgemein verhindert das Abschneiden von Verblühtem die Samenproduktion, die die Pflanze viel Kraft kostet. Das bedeutet aber auch: Wer Samen ernten möchte oder will, dass sich Pflanzen selbst aussäen, muss die Schere beiseite lassen.

Einfassungshecken und Formschnittgehölze

Gehölze wie Buchs, Eibe oder Berberitze kann man durch Schnitt leicht in Form halten. Ob Kugel, Kegel oder Fantasiefiguren – ihre nicht zu bändigende Wiederaustriebskraft macht alles möglich. Schneiden Sie am besten im Spätsommer. Sind die Pflanzen noch jünger, kann es auch früher sein. Ein guter Tipp, mit dem Sie nichts falsch machen können: Kürzen Sie Ihre Pflanzen in der letzten Juniwoche (um Johanni). Der leichte Austrieb danach bleibt weich und in Form.

Rosen fürs Beet

Bewährt hat sich bei allen Rosen der Frühjahrsschnitt ab Ende März. Wichtig dabei: Setzen Sie den Schnitt immer leicht schräg an. So kann Regenwasser ablaufen, die Schnittfläche ist aber trotzdem nicht zu groß.

➤ Entfernen Sie braune, abgestorbene, kranke Triebe bzw. schneiden Sie diese bis ins gesunde Holz zurück.

1 Frühjahrsschnitt

Über Winter schützen die alten Triebe die Stauden, im Frühjahr werden sie vorsichtig bis auf den neuen Austrieb zurückgeschnitten.

2 Für die zweite Blüte

Remontierende Stauden blühen zweimal. Dazu muss man sie während des Verblühens auf eine Handbreit zurückschneiden.

3 Verzögerungsschnitt

Herbststauden kann man im Juni um ein Drittel zurücknehmen. Die Blüte verzögert sich, wird üppiger, und die Pflanze wird standfester.

Für den Schnitt einer Buchshecke kann man sich mit Brettern behelfen.

➤ Gesunde Triebe schneiden Sie etwa 5 mm über einer nach außen weisenden Knospe leicht schräg ab.

➤ **Beet- und Edelrosen** sowie **Rosenstämmchen** auf eine Höhe von 20 bis 40 cm, Zwergrosen auf 10 bis 15 cm herunterkürzen.

➤ Bei **einmalblühenden Strauchrosen** und den meisten **Alten Rosen** entfernen Sie dagegen nur kranke und abgestorbene Triebe.

➤ Bei **Englischen Rosen** und **öfterblühenden Strauchrosen** nehmen Sie nach der ersten Blüte die Triebe auf die nächste kräftige Knospe mit einem voll entwickelten Blatt zurück.

➤ **Kaskadensorten** wiederum werden nur leicht ausgelichtet, da sie am mehrjährigen Holz blühen.

➤ Bei Sorten, die **Hagebutten** ausbilden sollen, dürfen Sie keine Blüten abschneiden.

➤ Rosen sind in der Regel auf robusten Wildrosen veredelt. Treiben diese aus (erkennbar am kleinen, hellen Laub), sollten Sie diese **Wildtriebe** sofort am Ansatz abreißen.

Stauden und Zwiebelblumen

Fast alle Stauden muss man zurückschneiden. Die alten, braunen Triebe müssen dem jungen Austrieb weichen. Das Entfernen des ersten Flors ruft oft eine zweite Blüte hervor (→ Abb. 2, links). Daneben gibt es eine Reihe von individuellen Schneide-Tipps und Tricks. Viele Polsterstauden, wie Blaukissen oder Hornkraut, mögen es beispielsweise, wenn man sie direkt nach der Blüte kräftig bis ins Grün zurücknimmt.

➤ Winterharte frühjahrs- und sommerblühende Zwiebelpflanzen haben ein gemeinsames Merkmal: Nach der Blüte ziehen sich ihre Blätter zurück. Trotz des unschönen Anblicks dürfen Sie das Laub aber erst abschneiden, wenn es braun geworden ist. Die Blätter enthalten nämlich wichtige Nährstoffe, die erst nach dem Vertrocknen in die Zwiebel oder Knolle zurückgeflossen sind.

➤ Verblühte Stängel sollten Sie dagegen sofort entfernen, denn Samenbildung schwächt die Zwiebeln nur unnötig.

➤ Eine Ausnahme können Sie z. B. bei Zierlauch machen: Seine Samenstände sehen äußerst dekorativ aus. ■

PRAXISINFO

Ziergehölze schneiden

Der richtige Schnittzeitpunkt hängt von Blütezeit und Gehölz ab. Folgende Faustregeln gelten:

✗ **Frühjahrsblüher**, wie Forsythie oder Zier-Johannisbeere, lichtet man direkt nach der Blüte aus.

✗ **Sommerblühende Sträucher**, wie Weigelie oder Kolkwitzie, werden im Frühjahr ausgelichtet.

✗ **Sommerblüher**, die nur am diesjährigen Holz blühen, wie Schmetterlingsflieder oder Bartblume, nimmt man im März auf wenige Augen zurück, damit sie im selben Jahr blühen.

Unerlässliche Handgriffe

Gartenpflanzen sind Lebewesen. Auch wenn sie am richtigen Standort oft fast von allein wachsen – ganz ohne Pflege geht es nicht. Ein optimal vorbereiteter Boden liefert die besten Startbedingungen zur gesunden Entfaltung Ihrer Pflanzen. Damit es auch so bleibt, sind jedoch ein paar regelmäßige Handgriffe notwendig:

Staudenstützen wie dieses individuelle System gibt es im Handel.

- Lockern Sie die obere Erdschicht (→ Seite 26). Das schützt den Boden vor dem Austrocknen.
- Entfernen Sie sorgfältig Unkraut, da es eine Konkurrenz um Platz, Wasser und Nährstoffe darstellt.

Richtig gießen

Einen eingewachsenen Garten müssen Sie eigentlich nicht gießen. Lediglich die Sommerblumen können schnell mal schlappmachen. In lang anhaltenden Trocken- und Hitzeperioden tut eine zusätzliche Wassergabe jedoch auch den robusteren Gewächsen gut:

- Gießen Sie morgens oder abends. Mittags verdunstet das meiste Wasser sofort.
- Effektiv gießen heißt: Die Kanne oder den Schlauch direkt an die Basis der Pflanze richten und auf keinen Fall über die Blätter.

Stauden stützen

Viele hohe Stauden kippen bei Wind und Regen leicht um. Bei geschickter Planung geben sich die Pflanzen gegenseitig Halt. Manchmal müssen Sie aber nachhelfen:

Empfindliche Stauden werden über Winter mit Reisig abgedeckt.

- Bringen Sie eine Stütze möglichst früh im Jahr an, damit die Triebe von Anfang an gerade wachsen und außerdem beim späteren Überstreifen nicht umknicken.
- Im Handel gibt es meist Einzelteile aus verzinktem Stahl, die man individuell zusammenklinken kann.
- Günstiger: selbst gemachte Stützen, z. B. aus Weiden- oder Haselnusszweigen.

Richtig düngen

Pflanzen brauchen regelmäßige Nährstoffgaben. Ausnahmen sind die Überlebenskünstler auf kargen Böden.

Ihnen würde Düngen den Garaus machen.

➤ **Organische Dünger** – z. B. Kompost, Mist, Hornspäne – lösen sich nur langsam auf. So steht der Dünger der Pflanze länger zur Verfügung, und Überdüngen ist praktisch unmöglich.

➤ **Mineralische Präparate** sind sofort verfügbar, weil sie sich stetig auflösen. Dies kann aber auch leicht zu einer Überversorgung führen.

➤ Am meisten benötigt wird der Dünger zwischen April und Juni. Spätere Gaben, vor allem mit Stickstoff, verhindern das Ausreifen der Pflanzen vor dem frostigen Winter.

Regelmäßiges Unkrautjäten und Bodenlockern hält das Beet in Schuss.

Winterschutz

Wählen Sie für Ihren Garten robuste und pflegeleichte Pflanzen aus. Die Winterhärte spielt dabei eine große Rolle. Abgesehen von exotischen Gewächsen, die keine Frostperioden überstehen, gibt es eine Reihe bekannter und beliebter Arten, die, je nach Region und Kleinklima, einen Winterschutz brauchen:

➤ **Gehölze** wie Magnolien, Englische Rosen, einige Hortensien und Sommerflieder brauchen, außer im Weinbauklima, einen besonders geschützten Standort und gedeihen in extrem kalten Regionen gar nicht.

➤ **Empfindlichere Stauden** wie Herbst-Anemonen, viele Wolfsmilch-Arten oder Storchschnabel-Hybriden decken Sie im Winter mit Vlies oder Nadelreisig ab.

➤ **Knollenpflanzen** wie Dahlien werden im Herbst aus dem Boden genommen, frostfrei überwintert und erst im Mai wieder nach draußen ins Beet gesetzt. ■

CHECKLISTE

Das bringt Mulchen

Beim Mulchen wird die Erde zwischen den Zierpflanzen bedeckt. Diese Maßnahme verdrängt Unkraut, hält den Oberboden krümelig und die Verdunstung gering. Verwenden kann man dafür Reste aus dem Garten oder handelsübliche Materialien:

- ✔ Rasenschnitt
- ✔ Rindenhäcksel
- ✔ Kompost
- ✔ zerkleinertes Laub
- ✔ Stroh
- ✔ Mulchfolie, Mulchpapier, Mulchvlies

Pflanzenschutz von Anfang an

Vorbeugen ist besser als Nachsorgen. Denn auch im Ziergarten sollte man den Einsatz giftiger Pflanzenschutzmittel vermeiden.
Der erste und zugleich wichtigste Beitrag zum aktiven Pflanzenschutz ist die richtige Standortwahl. Entfaltet sich ein Gewächs nicht optimal, stimmt meist irgendeine Komponente nicht – der Boden ist zu trocken oder feucht, zu mager oder überdüngt. Eine andere Möglichkeit ist, nach Alternativen Ausschau zu halten: Statt der mehltauanfälligen Glattblatt-Aster (*Aster novi-belgii*) kann man zum Beispiel auf die gesunde Raublatt-Aster (*Aster novae-angliae*) zurückgreifen. Beim Phlox gibt es robustere Sorten, wie 'Bright Eyes' oder 'Elfe'. Und auch bei Funkien sind inzwischen Züchtungen auf dem Markt, die von Schnecken weitgehend in Ruhe gelassen werden.

Der robuste, hochgiftige Eisenhut wird von Schnecken verschmäht.

Tolerant bleiben

Wenn dann doch einmal ein paar Blattläuse mehr an den Pflanzen wuseln – im Ziergarten kann man einen gewissen Anteil Krankheiten oder Schädlinge durchaus tolerieren. Über kurz oder lang pendelt sich in der Regel das natürliche Gleichgewicht wieder ein. In jedem Fall ist es besser, die Ursachen anstatt die Symptome zu bekämpfen (→ Standort und Pflanzenwahl, Seiten 18 und 20) und es erst einmal biologisch zu versuchen. Folgende Nützlinge gehören zu den wichtigen Helfern, mit denen Sie Schadtiere in Schach halten:

- Igel fressen Schnecken, Raupen und einige andere Schadtiere. In den Garten lockt man sie mit Ast- oder Laubhaufen, in denen sie sich verkriechen können.
- Auch Spitzmäuse lieben Schnecken und Insekten. Im Gegensatz zu anderen (den Echten) Mäusen graben sie weder Gänge, noch schädigen sie die Pflanzen.
- Vögel schnappen sich nicht nur Insekten und Raupen, manche vertilgen auch

SPARTIPP

>> üppig und attraktiv

So stärken Sie Ihre Pflanzen

Viele Unkräuter lassen sich zur Herstellung von Jauchen verwerten (→ Literatur Seite 61):

- Brennnesseln gegen Blattläuse
- Rainfarn gegen Milben und saugende Insekten
- Ackerschachtelhalm gegen verschiedene Pilzkrankheiten

Unkrautsamen. Mit artgerechten Nisthilfen locken Sie sie in Ihren Garten.

➤ Kriechtiere wie die Blindschleiche oder die Zaun-Eidechse fangen sich unter anderem Nacktschnecken und Insekten.

➤ Marienkäfer(larven), Schwebfliege oder Ohrwurm sind ebenso wie Spinnen wichtige Verbündete im Kampf gegen Schädlinge.

Schneckenzäune mit Überhängen und gezackten Abschlusskanten halten die verfressenen Plagegeister aus dem Beet.

Hilfe von Pflanzen

Bestimmte Pflanzen sind tatkräftige Helfer gegen Krankheiten oder für die Stärkung der Abwehrkraft:

➤ Die Wurzeln von Tagetes oder Ringelblume vernichten Bodenälchen. Am wirkungsvollsten als Kur vor dem Bepflanzen des Beetes.

➤ Kaiserkrone und Wolfsmilch vertreiben Wühlmäuse.

➤ Kapuzinerkresse zieht Blattläuse an und lenkt sie so von anderen Pflanzen ab. Außerdem vertreibt sie mit ihrem Geruch Blutläuse.

➤ Rainfarn (*Tanacetum vulgare*) wehrt Ameisen ab.

Schnecken-Plage

Zu den schlimmsten und die Nerven am meisten strapazierenden Schädlingen zählen sicherlich die Nacktschnecken. Das hilft:

➤ Schneckenzäune aus Kunststoff, Metall oder Holz wirken nur mit extrem überhängigen Oberkanten.

➤ Holzasche, Stein- oder Sägemehl, Kies oder Splitt, um gefährdete Pflanzen gestreut, entzieht den Tieren die lebenswichtige Feuchtigkeit.

➤ Vernichten Sie die kleinen, weißen, kugeligen Eier der Tiere, indem Sie sie mit kochendem Wasser übergießen oder dem Frost aussetzen.

➤ Mit Bier gefüllte Becher, außerhalb der Beete in den Boden eingelassen, locken Schnecken an. Der Alkohol lässt sie verenden.

➤ Legen Sie Köder in Form von Küchenabfällen an Unterschlupfe aus Töpfen, Ziegeln oder Brettern. Von dort können Sie die Tiere dann bequem absammeln und entfernen. ■

CHECKLISTE

Stauden, die Schnecken nicht schmecken

- ✔ Akelei
- ✔ Prachtspiere
- ✔ Christrose
- ✔ Ehrenpreis
- ✔ Gelenkblume
- ✔ Pfingstrose
- ✔ Phlox
- ✔ Schleierkraut
- ✔ Sonnenbraut
- ✔ Spornblume
- ✔ Tränendes Herz

Pflanzenporträts

Stauden

Keine andere Pflanzengruppe ist so vielgestaltig wie die der Stauden! Die mehrjährigen, krautigen Gewächse sterben meist im Winter ab und treiben im Frühjahr wieder aus. Die Blütezeiten der einzelnen Arten erstrecken sich theoretisch von Januar bis Dezember, der Höhepunkt liegt jedoch zwischen Juni und September. Dann schmücken sich die meisten Arten und Sorten mit langen Rispen, üppigen Dolden oder dichten Büscheln. Frühjahrszwiebeln (→ Seite 46) sind deshalb eine hervorragende Ergänzung. Im Spätjahr sorgen attraktive Samenstände und Blattfarben für Blickfänge. Stauden haben unterschiedliche Lebensrhythmen. Das macht ihren Einsatz in der Rabatte nicht immer leicht. Viele Frühjahrs- und Frühsommerstauden etwa haben die Eigenschaft, dass sie sich direkt nach der Blüte, also zeitig im Jahr, zurückziehen. Lücken können Sie (bei guter Planung) mit später austreibenden Stauden oder Sommerblumen schließen.

Aster

Aster-Arten und -Sorten

Höhe: 20–120 cm
Blütezeit: Mai–Oktober
vielgestaltige Staude

➤ **lange Blütezeit** ✿

Aussehen: alle Blütenfarben (einzige gelbe Blüte von *A. linosyris*), groß- und kleinblütig; meist stabil aufrechte, manchmal breit lagernde Horste; Frühjahrs- bis Herbstblüher, letztere z.T. mit Wintersilhouette (z.B. *A. ericoides*)
Standort: z.T. kalkliebend (*A. amellus*)
Pflege: Herbstblüher erst im Frühjahr zurückschneiden
Gestaltung: für Steingärten, (*A. alpinus*), Beete (*A. novae-angliae*), naturnah am Gehölzrand (*A. divaricatus*)

Pfingstrose

Paeonia lactiflora

Höhe: 70–100 cm
Blütezeit: Juni
Beetstaude

➤ **ganzjährig attraktiv** ✿

Aussehen: große Blütenbälle in Weiß, Rosa- und Rottönen; einfach, halb und voll gefüllt; attraktive Samenstände; buschige Horste; Blätter färben sich im Herbst rotbraun
Standort: für jeden offenen, guten Gartenboden
Pflege: Pflanzen eventuell stützen, da die Blüten sehr schwer sind; Verblühtes auf das nächste Blattpaar (dann aber keine Samenstände), im Frühjahr ganz zurückschneiden
Gestaltung: Solitär- und Leitstaude; schön zu Blau

✿ pflegeleicht Sonne Halbschatten Schatten

Rittersporn

Delphinium-Arten und -Sorten

Höhe: 90–200 cm
Blütezeit: Juni–Juli, September
Beetstaude

➤ **zweite Blüte im Herbst**

Aussehen: gespornte Einzelblüten an langen Rispen in allen Blautönen, Weiß und Rosa; aufrechte, meist standfeste Horste mit großen, geschlitzten Blättern
Standort: braucht warmen, nährstoffreichen und durchlässigen Boden
Pflege: nach der ersten Blüte auf eine Handbreit über dem Boden für die zweite Blüte im September zurückschneiden; Stängel eventuell stützen
Gestaltung: Solitär- und Leitstaude; sehr schön zu Rosen

Sonnenhut

Rudbeckia fulgida

Höhe: 70–80 cm
Blütezeit: August–Oktober
Beetstaude

➤ **wertvoller Herbstblüher**

Aussehen: goldgelbe Blütensterne mit dunkelbrauner Mitte; straff aufrechte Stängel; eingetrocknete Blütenstände bleiben über Winter attraktiv
Standort: nicht zu trocken; nährstoffreicher Boden
Pflege: sehr pflegeleicht und robust; Pflanze im Frühjahr bodennah zurückschneiden
Gestaltung: einzeln oder in kleinen Gruppen; schön mit gelben (z. B. *Helenium, Solidago*) oder blauen Herbstblühern (z. B. Astern) oder Gräsern (z. B. *Panicum*)

Taglilie

Hemerocallis-Hybriden

Höhe: 30–90 cm
Blütezeit: Juni–August
wildhafte Beetstaude

➤ **attraktive Blätter**

Aussehen: trichterförmige Blüten in allen Farben außer Blau; auch zweifarbig; klein- und großblütig; grasähnliche Blätter; buschige Horste
Standort: während der Blütezeit etwas feuchter, sonst auch trockenheitstolerant
Pflege: Abgeblühtes entfernen; Horste im Frühjahr zurückschneiden
Gestaltung: höhere Sorten als Solitärs; kleine Gruppen geben durch das Laub Struktur und schöne Kontraste; verleihen Beeten einen wildhaften Touch

giftig | Duftpflanze | frostempfindlich | winterhart | Schnittpflanze

Sommer-
blumen

Sommerblumen sind ideal für experimentierfreudige Gärtner, denn da sie nur ein oder zwei Jahre überleben, kann man jedes Jahr etwas Neues ausprobieren. Je nachdem, wie früh sie ausgesät werden, blühen sie schon ab Mai/Juni und halten zuverlässig durch bis zum Herbst. Das heißt aber auch, dass reine Sommerblumenbeete in den restlichen Monaten leer geräumt sind. Kombiniert mit Stauden, Gehölzen und Zwiebelblumen, dehnt sich die Attraktivität solch eines Beetes dagegen fast über das ganze Jahr aus. Oft werden vor allem die Einjährigen als schnelle Lückenfüller in gemischten Rabatten eingesetzt. Denn mit ihrer unglaublichen Vielfalt an Formen und Farben bieten sie für jeden Geschmack etwas. Die meisten hohen Sommerblumen sind zugleich haltbare Schnittblumen. Keine Angst vor dem Abschneiden der Blüten: Es fördert die Bildung neuer Knospen!

Bartnelke

Dianthus barbatus

Höhe: 30–50 cm
Blütezeit: Juni–Juli
zweijährige Beetpflanze

➤ **auch einjährig**

Aussehen: kleine Einzelblüten, zur Dolde angeordnet; in Weiß, Rosa, Rot und Purpur, blasse und sehr intensive Töne; einfach oder dicht gefüllt; buschiger, aufrechter Wuchs
Standort: für nährstoffreiche, frische Böden
Pflege: für einjährige Kultur im Mai direkt ins Beet säen; wenn zweijährig gezogen, Saatgut im August ausbringen; in kalten Regionen über Winter abdecken
Gestaltung: gemischte Rabatten und reine Sommerblumenbeete, Bauerngärten

Löwenmäulchen

Antirrhinum majus

Höhe: 15–100 cm
Blütezeit: Mai–Oktober
einjährige Beetpflanze

➤ **auffällige Blütenform**

Aussehen: einzelne Rachenblüten, zur dichten Blütenkerze angeordnet; in allen Farben außer Blau, auch zweifarbig; Wuchs buschig
Standort: normaler Gartenboden, recht nährstoffreich
Pflege: lange Kulturzeit, deshalb am besten als Sämlinge kaufen; Kappen der Spitzen fördert Verzweigung; Rückschnitt nach der ersten Blüte begünstigt eine Nachblüte
Gestaltung: Sommerblumenbeete und gemischte Rabatten, Bauerngärten

pflegeleicht Sonne Halbschatten Schatten

Ringelblume
Calendula officinalis

Höhe: 25–70 cm
Blütezeit: Juni–Oktober
einjährige Beetpflanze

➤ **essbare Blüten**

Aussehen: leuchtend gelbe und orange Blüten; einfache, halb gefüllte oder gefüllte Sorten; Wuchs buschig; Blätter behaart, charakteristisches Aroma
Standort: normaler Boden, durchlässig, nährstoffreich
Pflege: Direktsaat ins Beet schon ab März möglich, am besten in Folgesaaten, um die Blütezeit zu verlängern; Verblühtes abschneiden, um eine reiche Nachblüte zu fördern
Gestaltung: Sommerblumen- und gemischte Rabatten, Bauerngärten, Gemüsebeete

Schmuckkörbchen
Cosmos bipinnatus

Höhe: 60–120 cm
Blütezeit: Juni–Oktober
einjährige Beetpflanze

➤ **essbare Blüten**

Aussehen: rosa, rote, weiße, orange Schalenblüten mit gelber Mitte; nadelähnliche, gefiederte Blätter; Wuchs in aufrechten Büschen
Standort: normaler Boden, nährstoffreich
Pflege: Vorkultur schon ab März möglich, dann auch frühere Blüte; Direktsaat ab Mitte Mai; Verblühtes regelmäßig abschneiden; hohe Sorten eventuell stützen
Gestaltung: Sommerblumenbeete, gemischte Rabatten, Bauerngärten

Zinnie
Zinnia elegans

Höhe: 30–90 cm
Blütezeit: Juni–Oktober
einjährige Beetpflanze

➤ **besonders farbenreich**

Aussehen: kleine und große Blüten in allen Farben außer Blau; einfach, halb gefüllt oder pomponförmig; aufrechter Wuchs, zum Teil buschig
Standort: warm; normaler Gartenboden
Pflege: Vorkultur im März/April; Ende Mai ins Freiland pflanzen oder säen; regelmäßiges Abschneiden der Blüten begünstigt eine Nachblüte
Gestaltung: Sommerblumenbeete, gemischte Rabatten, Bauerngärten; immer in größeren Gruppen verwenden!

Zwiebel- und Knollenpflanzen

Zwiebeln und Knollen läuten das Blütenjahr im Frühling ein. Im Herbst lassen sie es wieder ausklingen. Allerdings handelt es sich dabei meist um niedrige Arten, wie Herbst-Krokusse, die einen exponierten Platz brauchen, damit man sie wahrnimmt. Dagegen zählen die (Früh-) Sommerblüher, wie Zierlauch, Lilie oder Dahlie, zu den auffälligsten Blickfängen in einer Rabatte.
Was diese Gruppe verbindet, sind die unterirdischen Speicherorgane. Dabei kann es sich um Zwiebeln (wie bei der Tulpe), Knollen (wie beim Krokus) oder Rhizome (wie bei der Schwertlilie) handeln. Die oberirdischen Teile sterben meist bald nach der Blüte ab. Damit keine großen Lücken entstehen bzw. um die unschönen, langsam einziehenden Blätter zu verdecken, pflanzen Sie sie in den Hinter- oder Mittelgrund zwischen die Stauden.

Dahlie

Dahlia-Hybriden

Höhe: 20–140 cm
Blütezeit: Juli–Oktober
Knollenpflanze

➤ **wertvoller Herbstblüher** ✿

Aussehen: Blüten einfach, halb gefüllt, gefüllt; kaktus-, anemonen-, pompon-, ball- oder orchideenförmig; alle Farben außer Blau, auch zweifarbig; aufrechte, buschige Horste
Standort: nährstoffreicher Boden; heller Standort
Pflege: Mitte Mai auspflanzen, ab Ende Oktober frostfrei überwintern; Verblühtes regelmäßig abschneiden; Pflanzen eventuell stützen
Gestaltung: wirken am schönsten in Beeten mit Sommerblumen und Stauden

Lilie

Lilium-Arten und -Sorten

Höhe: 80–150 cm
Blütezeit: Mai–September
Zwiebelpflanze

➤ **Duftpflanze**

Aussehen: meist große, weiße, gelbe, rote, rosa und orange Trompeten an aufrechten Stielen; *Lilium martagon* auch in Rosa, Lavendel und Dunkelrot
Standort: humoser, feuchter, aber gut durchlässiger Boden
Pflege: im ersten Winter abdecken; manche Arten (z. B. *L. auratum*) brauchen generell Winterschutz; regelmäßig düngen; eventuell stützen
Gestaltung: für sonnige Beete (z. B. *L. candidum*, *L.*-Hybriden) oder lichten Schatten am Gehölzrand (z. B. *L. martagon*)

✿ pflegeleicht · Sonne · Halbschatten · Schatten

Narzisse

Narcissus-Hybriden

Höhe: 40–60 cm
Blütezeit: März–Mai
Zwiebelpflanze

➤ **blüht auch im Schatten** ✿

Aussehen: gelbe, weiße, orange Blüten in Trompeten- und Schalenform, einfach und gefüllt, auch zweifarbig; manche Arten duften
Standort: bevorzugt Sonne, blüht aber auch im Schatten; lockerer, humoser Boden
Pflege: Pflanzung im Herbst; absolut winterhart; bei Nachlassen der Blüte Zwiebeln im Sommer ausgraben, trocken und luftig lagern, im Herbst teilen und wieder einpflanzen
Gestaltung: mit Stauden; Steingärten, Gehölzrand (Wildarten)

Tulpe

Tulipa-Hybriden

Höhe: 15–70 cm
Blütezeit: März–Mai
Zwiebelpflanze

➤ **farbenreicher Klassiker** ✿

Aussehen: einfache, gefüllte, gefranste oder gewellte Blütenkelche in allen Farben außer Blau, teilweise mehrfarbig
Standort: Wildtulpen auch halbschattig; der Boden sollte humusreich, durchlässig und leicht sandig sein
Pflege: Pflanzung im Herbst; meist winterhart; Verblühtes abschneiden; nach drei Jahren aus dem Boden nehmen, teilen
Gestaltung: mit anderen Zwiebelpflanzen und Stauden (hohe Arten); Steingärten und Gehölzrand (Wildtulpen)

Zierlauch

Allium-Arten und -Sorten

Höhe: 20–150 cm
Blütezeit: März/Apr., Juni–Aug.
Zwiebelpflanze

➤ **schöne Samenstände** ✿

Aussehen: kleine Einzelblüten in Dolden, Quirlen oder auffälligen Kugeln; Weiß, Gelb, Blau, Rosa-, Rot- und Lilatöne; Blätter ziehen meist nach der Blüte ein, Ausnahme: Blauzungen-Lauch (*A. karataviense*)
Standort: trocken, nur Gold-Lauch (*A. moly*) mag es feucht
Pflege: im Oktober pflanzen; abgeblühte Kugel-Arten als Winterschmuck stehen lassen
Gestaltung: Staudenrabatten (z. B. *Allium*-Hybriden); Steingarten (z. B. Rosen-Lauch), Gehölzrand (z. B. Bärlauch)

giftig · Duftpflanze · frostempfindlich · winterhart · Schnittpflanze

Gehölze

Gehölze fungieren in einer gemischten Rabatte als Strukturbildner. Große und breite oder als Hochstamm gezogene Arten sorgen für schattige Gartenbereiche, die man mit entsprechenden krautigen Gewächsen unterpflanzen kann. Als Begleiter für Stauden in einem sonnigen Beet eignen sich nur klein bleibende, schmal wachsende Arten und Formschnittgehölze. Letztere sorgen in Form von Kugeln, Kegeln oder Fantasiegestalten für grüne Fixpunkte zu jeder Jahreszeit und treten vor allem im Winter in den Vordergrund. Denselben Zweck erfüllen streng geschnittene Einfassungshecken. Für beide Fälle ist Buchs ideal.
Als unbestrittene Königin, nicht nur unter den Blütensträuchern, gilt dagegen die Rose. Für eine Rabatte zu ausladend sind lediglich die meisten Wildrosen und einige Strauchrosen. Alle anderen Sorten ziehen mit unvergleichlichen Blüten und betörendem Duft die Aufmerksamkeit auf sich.

Bartblume
Caryopteris × clandonensis

Höhe: 100–150 cm
Blütezeit: August–September
sommergrüner Halbstrauch

➤ **duftendes Laub**

Aussehen: dunkelblaue Blüten; Blätter und Rinde graugrün; Blätter aromatisch duftend; breitbuschiger, lockerer Strauch
Standort: geschützt, da etwas frostempfindlich; liebt es schwach sauer bis alkalisch; kalkverträglich
Pflege: Blüten erscheinen am diesjährigen Holz, deshalb im Frühjahr stark zurückschneiden
Gestaltung: einzeln oder in kleinen Gruppen mit Rosen, Buchs; mit rosafarbenen und weißen oder gelben Stauden und Einjährigen kombinieren

Berberitze
Berberis thunbergii

Höhe: 40–300 cm
Blütezeit: Mai
sommergrüner Strauch

➤ **schöne Herbstfärbung** ✿

Aussehen: gelbe bis rötliche Blüten; Sorte 'Atropurpurea' mit braunrotem Laub; im Herbst rosa bis rote Früchte (nicht bei 'Atropurpurea Nana') und leuchtend rotes Laub; dichtbuschiger Strauch; höhere Sorten überhängend
Standort: sauer bis schwach alkalisch; z.T. eher frisch
Pflege: Auslichtungsschnitt im zeitigen Frühjahr; Formschnitt erfolgt im Sommer
Gestaltung: frei wachsend oder in Form geschnitten auch als Einfassung geeignet

✿ pflegeleicht · Sonne · Halbschatten · Schatten

Buchs

Buxus sempervirens in Sorten

Höhe: 20–300 cm
Blütezeit: April–Mai
immergrüner Strauch

➤ **schnittfester Allrounder**

Aussehen: kleine, gelbgrüne, duftende Blüten (nicht bei Formschnitt!); immergrünes Laub, z.T. blaugrün, gelbbunt; hohe und niedrig bleibende Sorten (z.B. 'Suffruticosa')
Standort: insgesamt recht anspruchslos, bevorzugt aber einen warmen, trockenen und kalkhaltigen Boden
Pflege: Formschnitt Ende Juni oder im August hält die Pflanzen dicht und kompakt
Gestaltung: als Kugeln, Kegel, Einfassungshecken; schöner Kontrast zu üppigen Stauden

Deutzie

Deutzia-Arten

Höhe: 100–400 cm
Blütezeit: Mai–Juli
sommergrüner Strauch

➤ **weiße Blütenpracht**

Aussehen: reinweiße oder karminrosa Rispenblüten; sommergrüne Blätter, z.T. mit gelber ('Boule de Neige') oder gelbroter (*D.* × *kalmiiflora*) Herbstfärbung; meist bogig überhängende Zweige
Standort: *D.* × *magnifica* auch hell, aber keine direkte Sonne; nahrhafter und eher feuchter Boden, sonst anspruchslos
Pflege: Auslichtungsschnitt im zeitigen Frühjahr durchführen
Gestaltung: Einzelstellung; die zierliche *D. gracilis* auch in kleinen Gruppen

Rose

Rosa in Arten und Sorten

Höhe: 40–300 cm
Blütezeit: Mai–November
sommergrüner Strauch

➤ **Duft- und Farbenrausch**

Aussehen: alle Blütenfarben außer Blau; einfach bis dicht gefüllt; mit und ohne Duft; Wuchs flach und breit (Bodendeckerrosen), schmal aufrecht (Beet- und Edelrosen), buschig, z.T. überhängend (Strauchrosen)
Standort: viele Wildrosen sind kalkmeidend
Pflege: verschiedene Schnittgruppen (→ Seite 34)
Gestaltung: höhere Arten in Einzelstellung, niedrige in kleinen Gruppen; schön zu Stauden mit kontrastierenden Blütenformen (Kerzen, Schleierblüten)

Weitere Pflanzen

Stauden

Name	Licht	Boden	Blütezeit Blütenfarbe	Wuchshöhe Wuchsform	Ansprüche, Besonderheiten
✿ **Akelei** *Aquilegia*-Hybriden	☼ ◐	frisch, nähr- stoffreich	Mai–Juni alle Farben	20–80 cm aufrecht	Schnittblume; kurzlebig; sät sich gut selbst aus
✿ **Bergenie** *Bergenia*-Hybriden	☼ – ●	anspruchslos	Dez.–Mai rot, rosa, weiß	20–50 cm kompakt	immergrünes Laub; z. T. rote Herbstfärbung; z. T. duftend
Christ-/Lenzrose *Helleborus*-Arten	◐ ●	lehmig, kalkhaltig	Jan.–April weiß, rosa, gelb	30–60 cm aufrecht	wertvoller Winterblüher; Blätter lange schön; giftig
Chrysantheme *Dendranthema* × *hortorum*	☼	nährstoffreich, durchlässig	Aug.–Nov. alle außer blau	50–80 cm aufrecht	Schnittblume; nicht überall voll winterhart!
✿ **Dost** *Origanum*-Arten	☼	frisch bis trocken	Juli–Sept. rotviolett, weiß	20–60 cm buschig	z. T. graublaues und goldgelbes Laub; duftend
Edeldistel *Eryngium*-Arten	☼	durchlässig, nährstoffreich	Juni–Sept. stahlblau	40–60 cm aufrecht	graublaues, stacheliges Laub; Schnittstaude
Ehrenpreis *Pseudolysimachion longifolium*	☼	frisch bis feucht	Juni–Juli blau, rosa, weiß	80 cm aufrecht	erträgt kurze Trockenphasen; Schnittstaude
Eisenhut *Aconitum*-Arten	◐ ●	nährstoffreich, frisch bis feucht	Juni–Okt. blau, weiß, gelb	90–150 cm aufrecht	Schnittstaude; Sommersorten ziehen schnell ein; giftig
✿ **Elfenblume** *Epimedium*-Arten	☼ ◐	frisch, locker	April–Mai weiß, rosa, gelb, rot	20–35 cm buschig	lange attraktiv; z. T. wintergrün
Feinstrahl *Erigeron speciosus*	☼	mäßig frisch bis feucht	Juni–Aug. alle außer gelb	60 cm aufrecht	Nachblüte bei Rückschnitt; Schnittstaude
✿ **Fetthenne** *Sedum*-Arten	☼	eher trocken	Mai–Okt. rot, weiß, gelb	5–20/ 40–60 cm	meist immergrün; z. T. buntlaubig; Schnittblume
Flammenblume *Phlox*-Arten	☼ ◐	frisch, nähr- stoffreich	April–Sept. alle außer gelb	10–30/70–120 cm Polster/aufrecht	Bodendecker und hohe Sorten; Schnittstauden
✿ **Frauenmantel** *Alchemilla mollis*	☼ – ●	anspruchslos	Juni–Aug. gelbgrün	bis 40 cm buschig	Schnittblume; Nachblüte bei Rückschnitt

Name	Licht	Boden	Blütezeit Blütenfarbe	Wuchshöhe Wuchsform	Ansprüche, Besonderheiten
✿ **Funkie** *Hosta*-Arten	◐ ●	frisch, nährstoffreich	Juni–Sept. weiß, lila	25–100 cm buschig	*die* Blattschmuckstaude; auch weiß-, gelblaubig; z. T. duftend
Gämswurz *Doronicum orientale*	☼ ◐	nährstoffreich, frisch	April–Mai gelb	40 cm aufrecht	zieht bald nach der Blüte ein; Schnittblume
Gedenkemein *Omphalodes*-Arten	◐ ●	humos, frisch, nährstoffreich	April–Juni blau, weiß	15–25 cm bodendeckend	Laub lange attraktiv
✿ **Glockenblume** *Campanula*-Arten	☼ – ●	frisch bis eher trocken	Mai–Aug. blau, weiß	10–30/40–100 cm Polster/aufrecht	hohe Schnittstauden und Bodendecker
✿ **Goldrute** *Solidago*-Arten	☼	frisch	Juni–Sept. gelb	40–120 cm aufrecht-bogig	Schnittstaude; wuchern nicht wie Wildart
Heiligenkraut *Santolina*-Arten	☼	eher trocken, durchlässig	Juli–Aug. gelb	30–40 cm buschig	graugrünes Blatt, duftend; immergrün; schnittfest
Herbst-Anemone *Anemone hupehensis*	◐	frisch, nährstoffreich	Aug.–Dez. rosa, rot, weiß	70–120 cm locker aufrecht	Winterschutz empfehlenswert
Herzblume *Dicentra*-Arten	◐ ●	frisch	April–Juli rosa, weiß	30–80 cm buschig	Tränendes Herz *(D. spectabilis)* zieht nach Blüte ein
Indianernessel *Monarda*-Arten	◐ ●	frisch, nährstoffreich	Juni–Aug. lila, rot, weiß	100–140 cm aufrecht	Schnittblume; duftendes Laub; robust: 'Violetta'
✿ **Katzenminze** *Nepeta*-Arten	☼	mäßig trocken, nährstoffreich	Mai–Sept. blau, violett, weiß	20–90 cm überhängend/ aufrecht	graugrünes, aromatisch duftendes Laub; Langblüher
✿ **Kaukasusvergissmeinnicht** *Brunnera macrophylla*	☼ – ●	frisch bis feucht	April–Mai blau	bis 50 cm buschig	Frühjahrsblüher, mit sommerschönen Blättern
Korn-/Flockenblume *Centaurea*-Arten	☼	mäßig trocken, durchlässig	Mai–Okt. blau, weiß, rosa, gelb	40–120 cm aufrecht, buschig	Schnittblume; z. T. mit graufilzigem Laub
Kreuzkraut *Ligularia*-Arten	☼ ◐	feucht, tiefgründig	Juli–Sept. gelb	100–180 cm aufrecht	ornamentale Blattschmuckstauden
Kugeldistel *Echinops*-Arten	☼	nährstoffreich, durchlässig	Juli–Sept. (stahl-)blau	80–150 cm straff aufrecht	zum Schnitt und Trocknen geeignet
Lavendel *Lavandula*-Arten	☼	eher trocken, durchlässig	Juli–Aug. blau, violett	40–60 cm buschig	silbergraues, duftendes Laub; immergrün
Lungenkraut *Pulmonaria*-Arten	◐ ●	frisch, lehmig, nährstoffreich	März–Mai weiß, blau, rot	20–30 cm polsterförmig	Blätter über den Sommer schön anzusehen
Lupine *Lupinus*-Hybriden	☼ ◐	kalkfrei, tiefgründig	Mai–Juli alle Farben	60–90 cm aufrecht	Schnittblume; blüht noch mal nach Rückschnitt

Stauden (Fortsetzung)

Name	Licht	Boden	Blütezeit Blütenfarbe	Wuchshöhe Wuchsform	Ansprüche, Besonderheiten
✿ **Mädchenauge** *Coreopsis*-Arten	☼	frisch, zeitweilig trocken	Mai–Okt. gelb	20–180 cm buschig aufrecht	langlebige und kurzlebige Arten; Schnittblumen
Margerite *Leucanthemum-/ Tanacetum*-Arten	☼	frisch, aber nicht staunass	Mai–Aug. weiß, rosa, rot	25–80 cm aufrecht	Frühjahrs- und Sommerblüher; Schnittblume
Moschus-Malve *Malva moschata*	☼ ◐	mäßig trocken nährstoffreich	Juni–Sept. rosa, weiß	60–70 cm locker aufrecht	die Art versamt sich selbst; Schnittblume
✿ **Nelke** *Dianthus*-Arten	☼	frisch, lehmhaltig	Mai–Sept. rot, rosa, weiß	10–40 cm polsterförmig	gräuliche, immergrüne Polster; z. T. duftend
Perlkörbchen *Anaphalis triplinervis*	☼	mäßig trocken, lehmhaltig	Juli–Sept. weiß	25 cm kompakt, buschig	Schnittblume, graufilziges Blatt; zum Trocknen
Prachtspiere *Astilbe*-Arten	◐ ●	nährstoffreich, feucht	Juni–Sept. rot, rosa, weiß	30–130 cm aufrecht	Schnittblume; Bodendecker und höhere Arten
Primel *Primula*-Arten	◐ ●	humos, nicht zu trocken	März–Aug. alle Farben	10–50 cm rosettenförmig	Frühjahrs- und Sommerblüher
✿ **Purpurglöckchen** *Heuchera*-Arten	☼ ◐	frisch	Mai–Aug. rot, rosa, weiß	30–60 cm buschig	Blattstaude mit Färbungen in Rottönen, Gelb, Grün
Roter Sonnenhut *Echinacea purpurea*	☼	frisch, mineralreich	Juni–Sept. rosa, weiß	60–80 cm straff aufrecht	Blüten über Winter stehen lassen; Schnittstaude
Salbei *Salvia nemorosa*	☼	kalkhaltig	Mai–Juli; Sept. blau, violett	40–80 cm aufrecht/liegend	duftend; blüht nach Rückschnitt noch einmal
Schafgarbe *Achillea*-Arten	☼	nährstoffreich, frisch	Juni–Sept. gelb, weiß, rot	60–120 cm aufrecht	lange haltbare Blüten; zum Schnitt geeignet
Schleierkraut *Gypsophila*-Arten	☼	durchlässig	Juni–Sept. weiß, rosa	10–100 cm buschig	graugrünes Laub; Schnitt- und Trockenblume
✿ **Schleifenblume** *Iberis*-Arten	☼ ◐	durchlässig	März–Mai weiß	10–25 cm polsterförmig	immergrün und reich blühend
Silberkerze *Cimicifuga*-Arten	◐ ●	je sonniger, desto feuchter	Juli–Okt. (creme-)weiß	140–200 cm z. T. überhängend	Solitärstaude; zum Schnitt geeignet; manche Arten duften
Sonnenblume *Helianthus*-Arten	☼	frisch, nährstoffreich	Aug.–Okt. Gelbtöne	120–180 cm aufrecht	schöne Spätsommer- und Herbstblüher
Sonnenbraut *Helenium*-Hybriden	☼	sollte nie ganz austrocknen	Juli–Sept. rot, gelb	80–150 cm aufrecht	wertvolle Spätsommerblüte; Schnittblume
✿ **Spornblume** *Centranthus ruber*	☼	anspruchslos; lehmhaltig	Juni–Sept. rosarot, weiß	75 cm niederliegend	versamt sich leicht selbst; Schnittblume

Name	Licht	Boden	Blütezeit Blütenfarbe	Wuchshöhe Wuchsform	Ansprüche, Besonderheiten
✿ **Storchschnabel** *Geranium*-Arten	☼ – ●	frisch bis trocken	Mai–Okt. alle außer gelb	15–100 cm buschig	schönes Laub, z. T. mit intensiver Herbstfärbung
✿ **Thymian** *Thymus*-Arten	☼	sommer-trocken	Mai–Sept. rosa, lila, weiß	5–25 cm flach bis buschig	duftendes Laub, z. T. gelb, grau gefleckt; immergrün
Türken-Mohn *Papaver orientale*	☼	nährstoffreich, locker	Mai–Juni rot, rosa, weiß	60–90 cm aufrecht	zieht nach der Blüte ein; treibt im Herbst neu aus
Veilchen *Viola*-Arten	☼ ◑	nicht zu trocken, nahrhaft	März–Sept. alle Farben	10–30 cm buschig	Hornveilchen (*V. cornuta*) ist nicht immer winterhart
Witwenblume *Scabiosa caucasica*	☼	trocken, sandig	Juni–Okt. blau, lila, weiß	80 cm aufrecht	Schnittstaude, die reich blüht
Wolfsmilch *Euphorbia*-Arten	☼ – ●	trocken bis feucht	April–Okt. gelbgrün	15–180 cm buschig/aufrecht	panaschierte, graugrüne, z. T. immergrüne Blätter
Ziest *Stachys*-Arten	☼	mineralreich	Mai–Sept. rosa, weißlich	20–60 cm flächig/aufrecht	graulaubiger Bodendecker (*S. byzantina*)

Gehölze

Name	Licht	Boden	Blütezeit Blütenfarbe	Wuchshöhe	Ansprüche, Besonderheiten
Blauraute *Perovskia abrotanoides*	☼	braucht guten Oberboden	Aug.–Okt. lila	bis 150 cm	geschützte Standorte; graufilziges Laub, duftend
✿ **Fingerstrauch** *Potentilla fruticosa*	☼	anspruchslos	Mai–Okt. alle außer blau	bis 150 cm	Wuchs breiter als hoch; sommergrüne Blätter
Garteneibisch *Hibiscus syriacus*	☼	nicht zu trocken, durchlässig	Juni–Sept. weiß, rosa, rot, blauviolett	bis 300 cm	geschützte Standorte; gelbe Herbstfärbung
✿ **Kleine Korkspindel** *Euonymus alatus* 'Compactus'	☼ ◑	braucht guten Oberboden	Mai–Juni gelblich	bis 150 cm	leuchtende Herbstfärbung; rote Früchte
Säckelblume *Ceanothus*-Arten	☼	warme, durchlässige Standorte	Juli–Okt. dunkelblaue Rispen	bis 150 cm	außer im Weinbauklima Winterschutz nötig
Schneeball *Viburnum*-Arten	☼ – ●	braucht guten, durchlässigen Oberboden	Feb.–Juni; Okt. weiß, rosa, z. T. duftend	bis 300 cm	giftig; teilweise immergrün (*V. × burkwoodii, V. davidii*)
✿ **Spierstrauch** *Spiraea*-Arten	☼ ◑	anspruchslos	Juni–Sept. weiß, rosa, rot	50–300 cm	sommergrün, z. T. Herbstfärbung; manche Arten duftend

Ein- und Zweijährige

Name	Licht	Boden	Blütezeit Blütenfarbe	Wuchshöhe Wuchsform	Ansprüche, Besonderheiten
Eisenkraut *Verbena*-Arten	☼	nährstoffreich mittelschwer	Juli–Okt. lila, violett	25–120 cm sparrig aufrecht	anpruchslose Einjährige; niedrige und hohe Sorten
Elfenspiegel *Nemesia*-Arten	☼	normaler Gartenboden	Juni–Sept. alle außer blau	20–40 cm aufrecht	einjährig; *N. fruticans* blüht ausdauernder
Fingerhut *Digitalis purpurea*	◑ ●	normaler Boden	Juni–Aug. rosa, weiß	80–120 cm aufrecht	zweijährig; in milden Lagen mehrjährig; Selbstaussaat
Goldmohn *Eschscholzia californica*	☼	bevorzugt mager, schotterreich	Mai–Sept. weiß, gelb, orange	30–40 cm buschig	einjährige, anspruchslose Pflanze; samt sich aus
Jungfer im Grünen *Nigella damascena*	☼	humoser Boden	Juni–Aug. blau, rosa, weiß	30–50 cm locker aufrecht	einjährig; Selbstaussaat; Schnitt-, Trockenblume
Kornblume *Centaurea cyanus*	☼ ◑	sandiger Lehm	Juni–Sept. blau, rosa, weiß	30–90 cm aufrecht	einjährige Schnittblume; graufilzige Blätter; Selbstaussaat
Muschelblume *Moluccella laevis*	☼	normaler Gartenboden	Juli–Aug. weiß	60–100 cm aufrecht	einjährige Schnitt- und Trockenblume; grüne Kelchblätter
Salbei *Salvia*-Arten	☼	eher trocken, warm	Juni–Okt. rot, weiß, blau	30–80 cm aufrecht	unterschiedliche Einjährige; z. T. graufilziges Blatt
Schöterich *Erysimum*-Arten	☼	normaler Boden	April–Juni gelb, orange, lila	25–75 cm buschig	stark duftende Zweijährige, auch dunkles Laub
Sommeraster *Callistephus chinensis*	☼ ◑	normaler Gartenboden	Juli–Sept. alle außer gelb	20–100 cm straff aufrecht	einjährige Schnittblume; einfache und gefüllte Blüten
Sonnenblume *Helianthus annuus*	☼	normaler Gartenboden	Juli–Okt. Gelb- und Rottöne	30–300 cm aufrecht	einjährig; Schnittblume mit meist riesigen Einzelblüten
Sonnenhut *Rudbeckia hirta*	☼	normaler Gartenboden	Juli–Okt. gelb bis rot	30–80 cm buschig aufrecht	einjährige Schnittblume; einfache u. gefüllte Blüten
Stockrose *Alcea rosea*	☼	tiefgründig, nährstoffreich	Juli–Sept. rot, weiß, gelb	120–200 cm aufrecht	zweijährig; einfache u. gefüllte Blüten; Selbstaussaat
Studentenblume *Tagetes*-Arten	☼	anspruchslos	Juni–Okt. gelb bis rot	20–100 cm buschig	einjährig; niedrige und hohe Sorten; Schnittblume
Tithonie *Tithonia rotundifolia*	☼	normaler Gartenboden	Juli–Okt. orange	40–150 cm aufrecht	einjährig; anspruchslos, pflegeleicht, robust
Vergissmeinnicht *Myosotis sylvatica*	☼ ◑	anspruchslos	April–Juni blau, rosa, weiß	15–35 cm buschig	zweijährig; versamt sich reichlich selbst
Ziertabak *Nicotiana*-Hybriden	☼ ◑	warmer Standort, normaler Boden	Juni–Okt. weiß, gelb, rot	30–80 cm aufrecht	einjährig; z. T. duftend; giftig

Zwiebel- und Knollenpflanzen

Name	Licht	Boden	Blütezeit Blütenfarbe	Wuchshöhe Wuchsform	Ansprüche, Besonderheiten
Alpenveilchen *Cyclamen*-Arten	◐ ●	frisch, humos, durchlässig	Feb.–Sept. rosa, rot, weiß	5–20 cm aufrechte Blüten	winterharte, aber frostempfindliche Knolle; giftig
Anemone *Anemone*-Arten	◐ ●	humos, sandig, kalkhaltig	März–Mai alle außer orange	10–15 cm bodendeckend	heimisch: Buschwindröschen (*A. nemorosa*); giftig
✿ **Blauglöckchen** *Scilla*-Arten	☼ – ●	bevorzugt durchlässig, humos	Feb.–Juni blau, weiß, rosa	10–20 cm rasig	anspruchslos; verwildert; winterharte Zwiebeln
Fritillarie *Fritillaria*-Arten	☼ ◐	tiefgründig, durchlässig	April–Juni alle Farben	15–100 cm aufrecht	die Schachbrettblume (*F. meleagris*) mag es feucht
Gladiole *Gladiolus*-Hybriden	☼	trockene bis feuchte Standorte	Mai–Sept. alle außer blau	30–150 cm aufrecht	Garten-Hybriden nicht frostfest, aber mehrjährig
✿ **Hasenglöckchen** *Hyacinthoides*-Arten	◐ ●	kühl, eher feucht	April–Juni blau, weiß, rosa	15–40 cm aufrecht	winterharte Zwiebelpflanze; Selbstaussaat
✿ **Krokus** *Crocus*-Arten	☼ ◐	durchlässiger Gartenboden	Feb.–April/ Sept.–Nov. alle außer rot	5–10 cm aufrecht	Frühjahrs- und Herbstblüher; groß- und kleinblütig
Lerchensporn *Corydalis*-Arten	◐ ●	humos, durchlässig, meist kalkfrei	März–April alle außer orange	10–30 cm buschig	winterharte Knollenpflanze; samt sich gerne aus
Montbretie *Crocosmia*-Arten	☼ ◐	durchlässig	Juli–Sept. rot, orange, gelb	50–80 cm aufrechte Ähren	geschützter Standort; Schnittblume
Prachtscharte *Liatris spicata*	☼	nicht zu nass	Juni–Sept. violett, weiß	40–120 cm aufrecht	winterharte Knollenpflanze; Schnittblume
Präriekerze *Camassia*-Arten	☼ ◐	frisch bis feucht	Mai–Juli Blautöne	40–100 cm aufrecht	mehrjährige Zwiebelpflanze; frostempfindlich
✿ **Schneeglanz** *Chionodoxa*-Arten	☼ ◐	durchlässig, frisch	März–April blau, weiß, rosa	10–25 cm buschig aufrecht	voll winterharte Zwiebelpflanze; sät sich selbst aus
✿ **Schneeglöckchen** *Galanthus nivalis*	◐ ●	frisch bis feucht	Feb.–März weiß	10–20 cm nickende Blüten	voll winterharte Zwiebelpflanze (heimisch); giftig
Schwertlilie *Iris*-Arten	☼	durchlässig, warm	Feb.–Juni alle Farben	5–120 cm straff aufrecht	Arten mit Zwiebeln oder Rhizomen (Bart-Iris)
Steppenkerze *Eremurus*-Hybriden	☼	durchlässig, nährstoffreich	Mai–Juni weiß, gelb, orange, rosa, lila	100–250 cm aufrecht	winterharte, aber frostempfindliche Knollen
✿ **Traubenhyazinthe** *Muscari*-Arten	☼ ◐	durchlässig	März–Juni blau, weiß, rosa	10–30 cm aufrecht	anspruchslos; winterharte Zwiebelpflanze; z. T. duftend

Blütezeiten-Kalender

Schneeglöckchen (*Galanthus elwesii*)

Heimisches Schneeglöckchen (*Galanthus nivalis*), Krokus, Winterling, Zwiebel-Iris (*Iris reticulata*)

Nieswurz, Schneeball

Kaiserkrone, Krokus

Bergenie (*Bergenia*-Hybriden), Blausternchen (*Scilla siberica*), Blauzungen-Lauch, Krokus, Lenzrose, Schachbrettblume, Schneeglanz, Strahlen-Anemone, Wildnarzisse, Wildtulpe (*Tulipa fosteriana, T. kaufmanniana, T. pulchella*), Zwiebel-Iris (*Iris danfordiae*)

Lungenkraut (*Pulmonaria angustifolia, P. rubra, P. saccharata*), Veilchen (*Viola labradorica, V. odorata, V. sororia*)

Narzissen (*Narcissus triandrus,* Trompeten-N.), Traubenhyazinthe (*Muscari armeniacum*), Tulpe (frühe Gartentulpen, Wildtulpen)

Bergenie, Buschwindröschen, Elfenblume, Frühlings-Primel (*Primula denticulata, P. elatior, P. rosea, P. veris*), Gämswurz, Narzisse (*Narciss jonquilla,* gefüllte N., Tazetten-N.), Präriekerze, Schleifenblume, Traubenhyazinthe (*Muscari botryoides*), Tulpe (z. B. Triumph-, Darwin-Hybri

Goldlack, Kaukasusvergissmeinnicht, Sternpolster-Glockenblume, Vergissmeinnicht, Hasenglöckchen

Tränendes Herz

Wolfsmilch

Bauern-Pfingstrose (*Paeonia officinalis*), Berberitze, Fritillarie, Steppenkerze (*Eremurus elwesii, E. himalaicus*), Taglilie, Tulpe (Späte)

Akelei, Alpen-Aster, Bart-Iris, Blausternchen (*Scilla peruviana*), Feder-Nelke, Kleine Korkspindel (*Euonymus alatus* 'Compactus'), Kolkwitzie, Kronen-Anemone, Narzisse (*Narcissus poeticus*), Polster-Phlox, Präriekerze, Schneeball, Türken-Mohn, Wiesen-Iris (*Iris sibirica*)

Deutzie, Pfingst-Nelke, Schleierkraut

Kalifornischer Goldmohn, Mädchenauge, Salbei (*Salvia nemorosa*), Storchschnabel, Zwerg-Herzblume

Feuer-Salbei (*Salvia splendens*), Fingerkraut, Löwenmäulchen

Rose

Feuer-Lilie, Gold-Lauch, Holländische Iris (*Iris hollandica*), Pfingstrose (*Paeonia lactiflora*), Steppenkerze (*Eremurus robustus*)

Bartnelke, Edeldistel, Fingerhut, Knäuel-Glockenblume (*Campanula glomerata*), Madonnen-Lilie, Prachtspiere, Riesen-Lauch, Rosen-Zwerglauch, Sommer-Primel (z. B. *Primula* × *bullesiana, P. florindae*), Steppenkerze (*Eremurus stenophyllus*), Sternkugel-Lauch, Türkenbund-Lilie

Buntschopf-Salbei (*Salvia viridis*), Eisenhut (*Aconitum lamarckii, A. napellus*), Feinstrahl, Flockenblume, Frauenmantel, Funkie, Jungfer im Grünen, Karpaten-Glockenblume, Pfirsichblättrige Glockenblume, Purpurglöckchen, Rittersporn, Rosen-Eibisch, Tausendblättrige Schafgarbe (*Achillea millefolium*), Teppich-Glockenblume (*Campanula portenschlagiana, C. poscharskyana*), Wald-Glockenblume

Elfenspiegel, Glockenblume (*Campanula lactiflora*), Kornblume, Moschus-Malve, Muskateller-Salbei, Prachtspiere (*Astilbe arendsii*), Roter Sonnenhut, Spierstrauch, Spornblume, Taglilie, Witwenblume

Katzenminze (*Nepeta* × *faassenii*), Ringelblume, Schafgarbe (*Achillea filipendulina*), Scharlachroter Salbei, Studentenblume, Ziertabak, Zin

Panther-Lilie (*Lilium pardalinum*), Purpur-Lauch (*Allium sphaerocephalon*)

Eisenhut (*Aconitum* × *cammarum* 'Bicolor'), Fingerhut, Flammenblume, Flieder-Lauch, Goldband-Lilie, Heiligenkraut, Königs-Lilie, Lavendel Lupine, Montbretie, Muschelblume, Prachtscharte, Prachtspiere (*Astilbe simplicifolia, A. thunbergii*), Schleierkraut, Tiger-Lilie, Ziest

Berg-Aster, Dost, Ehrenpreis (*Pseudolysimachion longifolium*), Gelbe Aster, Katzenminze (*Nepeta sibirica*), Kreuzkraut, Mädchenauge (*Coreopsis verticillata*), Orangen-Schmuckkörbchen, Perlkörbchen, Polster-Fetthenne, Sommer-Aster, Sonnenbraut (*Helenium*-Hybriden), Stockro

Dahlie, Einjähriger Sonnenhut (*Rudbeckia hirta*), Eisenkraut (*Verbena bonariensis, V. rigida*), Mehliger Salbei (*Salvia farinacea*), Mexikanische Sonnenblume, Säckelblume, Schmuckkörbchen, Silberkerze, Sonnenblume, Staudenaster (*Aster* × *frikartii*)

Indianernessel, Trompeten-Lilie (*Lilium longiflorum*)

Bartblume, Kissen-Aster, Kugeldistel, Prachtlilie (*Lilium speciosum*), Sonnenhut (*Rudbeckia fulgida, R. laciniata, R. nitida*)

Abstehender Salbei, Blauraute, Fetthenne, Goldrute, Herbst-Anemone, Zwerg-Prachtspiere, Stauden-Sonnenblume, Wild-Aster

Glattblatt-Aster, Herbstkrokus (*Crocus speciosus, C. zonatus*), Myrten-Aster (*Aster ericoides*), Raublatt-Aster, Schleier-Aster (*Aster cordifoliu*

Chrysantheme, Eisenhut (*Aconitum* × *arendsii*)

Herbstkrokus (*Crocus laevigatus, C. ochroleucus*)

Christrose, Bergenie (Winterflowering-Hybriden)

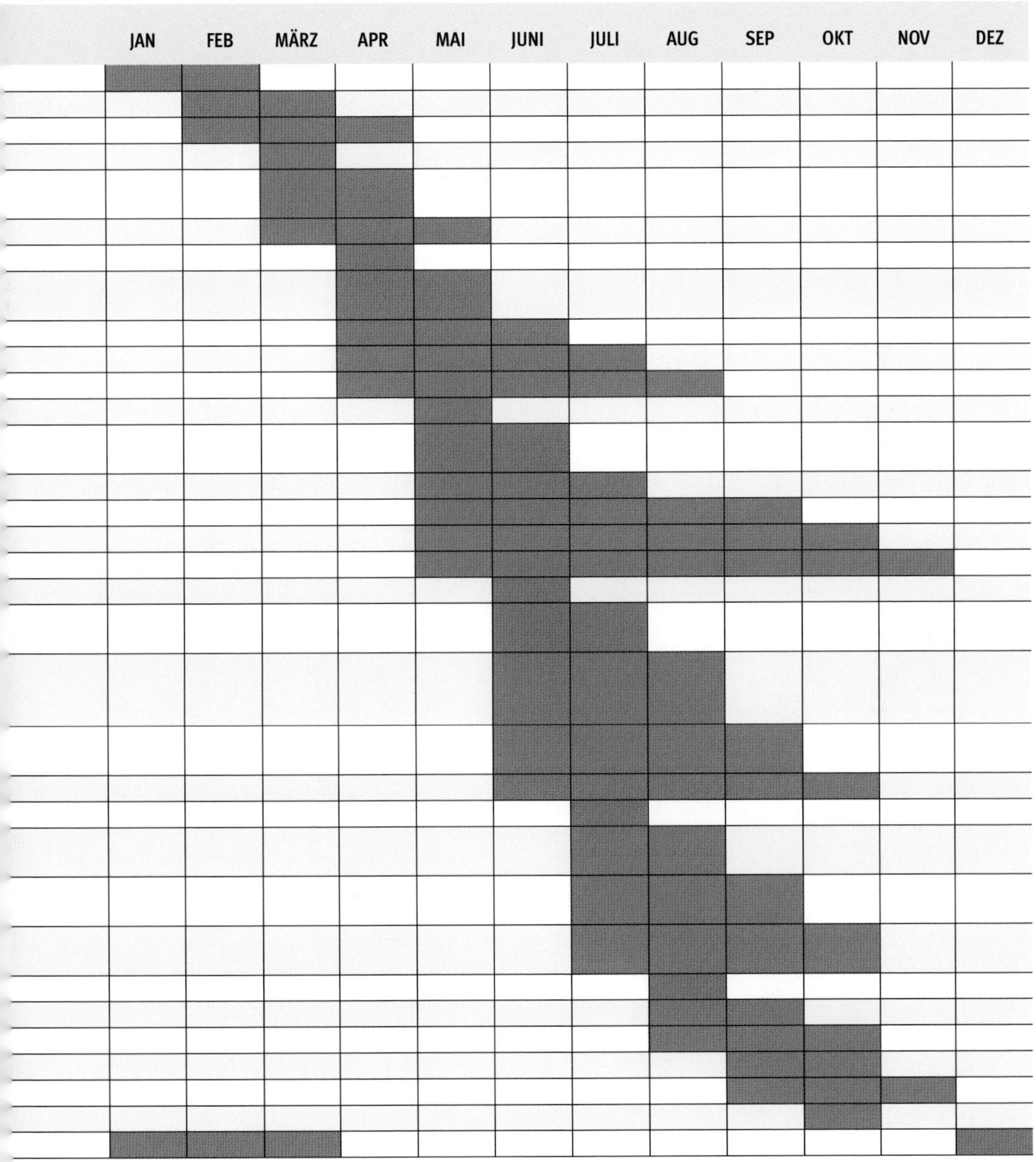
JAN
FEB
MÄRZ
APR
MAI
JUNI
JULI
AUG
SEP
OKT
NOV
DEZ

Arbeitskalender

Januar–April: Vorfreude auf ein blühendes Jahr

JANUAR

- **Planen:** Schmökern Sie in Büchern, Zeitschriften, neuen Katalogen und schmieden Sie Pläne für die nächste Gartensaison.
- **Vermehren:** Sortieren Sie übrig gebliebene Samentüten: Werfen Sie nicht mehr keimfähiges Saatgut weg und bestellen Sie neue Sommerblumen, Stauden und Zwiebeln.
- **Pflegen:** Überprüfen Sie Ihre Gartengeräte. Schauen Sie nach den frostempfindlichen Stauden: Sitzt der Winterschutz richtig?

FEBRUAR

- **Planen:** Wo soll Ihr neues Beet hin? Ein Plan Ihres Grundstücks hilft bei der Entscheidung.
- **Pflanzen:** Ist der Boden nicht gefroren, Ballenware und wurzelnackte Sträucher setzen.
- **Vermehren:** Sehr frühe Zwiebelpflanzen, wie Winterling, direkt nach der Blüte teilen. Auf der Fensterbank können Sie bereits einjährige Sommerblumen vorziehen.
- **Pflegen:** Immergrüne Stauden und Sträucher nach längeren Trockenphasen gießen.

Mai–August: Hochsaison im Blumenbeet

MAI

- **Pflanzen:** Jetzt dürfen alle frostempfindlichen Arten – Sommerblumen, Zwiebeln und Knollen – nach draußen ins Beet gesetzt werden.
- **Vermehren:** Einjährige jetzt direkt ins Beet säen. Noch bis Mai kann man Absenker von Gehölzen legen.
- **Pflegen:** Stauden, die zum Umfallen oder Abknicken neigen, frühzeitig stützen. Frühjahrssträucher wie Forsythien werden direkt nach der Blüte ausgelichtet.

JUNI

- **Pflanzen:** Eventuell entstandene Lücken im Staudenbeet mit Einjährigen füllen.
- **Pflegen:** Remontierende Stauden wie Feinstrahl oder Rittersporn nach der ersten Blüte auf eine Handbreit zurückschneiden, um eine zweite Blüte im September zu fördern. Den Boden zwischen den Blütenpflanzen regelmäßig lockern; Mulchdecke aufbringen. Wildtriebe von Rosen ständig sofort entfernen; besser abreißen als schneiden.

September–Dezember: Die nächste Saison vorbereiten

SEPTEMBER

- **Planen:** Schauen Sie sich Beete und Pflanzen genau an: Was sieht gut aus, was gefällt Ihnen weniger? Setzen Sie Ihre Ideen um.
- **Pflanzen:** Zwiebelpflanzen wie Tulpen und Narzissen ins Beet setzen. Beste Pflanzzeit für früh blühende Stauden, z. B. Pfingstrose.
- **Vermehren:** Sommerblühende Zwiebeln und Knollen teilen bzw. Brutzwiebeln abnehmen.

OKTOBER

- **Pflanzen:** Winterharte Einjährige, wie Ringel- oder Kornblume, jetzt ins Beet aussäen.
- **Vermehren:** Frühjahrs- und sommerblühende Stauden jetzt am besten teilen.
- **Pflegen:** Nicht winterharte Sommerblumen abräumen und kompostieren oder lagern; empfindliche Zwiebeln/Knollen aus dem Boden nehmen, etikettieren, frostfrei lagern.

MÄRZ

- **Gestalten:** Wenn Sie ein neues Blumenbeet anlegen wollen, stecken Sie es ab und bereiten Sie es zum Pflanzen vor.
- **Pflegen:** Edel-, Beet- und Zwergrosen stark einkürzen und auslichten; bei allen anderen Rosen kranke und tote Triebe entfernen. Alte Staudentriebe, die über Winter stehen geblieben sind, abschneiden. Sträucher, die am diesjährigen Holz blühen (z. B. Schmetterlingsflieder), stark zurückschneiden; andere werden nur ausgelichtet.

APRIL

- **Planen:** Wenn das neue Beet eine Einfassung bekommen soll, überlegen Sie sich vor dem Bepflanzen, wie sie aussehen soll.
- **Pflanzen:** Sobald der Boden offen ist, Stauden, vor allem Herbstblüher, Sommer- und herbstblühende Zwiebeln und Knollen setzen.
- **Vermehren:** Herbstblühende Stauden teilen; auch Stecklinge kann man jetzt schneiden.
- **Pflegen:** Polsterstauden wie Blaukissen nach der Blüte bis ins Grün zurücknehmen.

JULI

- **Planen:** Holen Sie sich Anregungen in anderen Gärten (»Offene Gartenpforte«).
- **Pflegen:** Hohe Herbststauden um ein Drittel einkürzen; so verzögert und vermehrt sich die Blüte, die Horste werden standfester. Verblühte Rosen bis auf die nächste Knospe zurücknehmen. Bei langen Trockenperioden das Gießen nicht vergessen; am besten morgens. Im Beet regelmäßig Unkraut jäten, Pflanzen stützen oder anbinden.

AUGUST

- **Pflanzen:** Zweijährige direkt ins Beet säen. Für Madonnen-Lilie, Kaiserkrone, Iris oder Steppenkerze ist jetzt die beste Pflanzzeit.
- **Vermehren:** Triebspitzen, die beim Buchsschnitt anfallen, als Stecklinge nehmen.
- **Pflegen:** Buchsbäume jetzt in Form schneiden. Gründüngung zur Lockerung und Verbesserung von Beeten, die erst nächstes Jahr bepflanzt werden, ist noch bis September mit einigen Pflanzen möglich.

NOVEMBER

- **Pflanzen:** Wurzelnackte Sträucher setzen.
- **Vermehren:** Steckhölzer sommergrüner Sträucher schneiden, in feuchtem Sand frostfrei überwintern, im Frühjahr auspflanzen.
- **Pflegen:** Empfindliche Stauden mit Laub, Fichtenreisig oder Vlies vor Frost schützen. Rosen anhäufeln; Stämmchensorten Richtung Boden umlegen, mit Erde abdecken.

DEZEMBER

- **Gestalten:** Überlegen Sie sich neue Farbkombinationen und suchen Sie in Katalogen nach dazu passenden Pflanzen.
- **Pflegen:** Lichten Sie Ziersträucher behutsam aus. Abgeräumte Beete mit schwerem Boden und neu geplante mit dem Spaten umgraben; bei anderen nur die obere Erdschicht lockern. Kontrollieren Sie Pflanzen im Winterquartier auf Schädlinge und Krankheiten.

Die **halbfett** gesetzten Seitenzahlen verweisen auf Abbildungen.

Literatur

Borges, W.: Guter Boden. Gräfe und Unzer Verlag, München

Hensel, W.: Natürlich gärtnern. Gräfe und Unzer Verlag, München

Kreuter, M.-L.: Der Biogarten. DLV, München

Bodenproben

Verband Deutscher Landwirtschaftlicher Untersuchungs- und Forschungsanstalten (VDLUFA)
Siebengebirgsstr. 200
53229 Bonn
www.vdlufa.de

Technische Universität Freising-Weihenstephan
Institut für Bodenkunde
85350 Freising-Weihenstephan
Tel. 0 81 61 – 71 36 77
www.weihenstephan.de
www.wzw.tum.de/bk

Wichtige Hinweise

➤ Einige der hier beschriebenen Pflanzen sind giftig oder hautreizend. Sie dürfen nicht verzehrt werden.
➤ Bewahren Sie Dünge- und Pflanzenschutzmittel für Kinder und Haustiere unerreichbar auf.
➤ Wenn Sie sich bei der Arbeit verletzen, sollten Sie umgehend einen Arzt aufsuchen. Eventuell ist eine Impfung gegen Tetanus erforderlich.

Bildnachweis

AS-Gartenbild/Stork: 31 li., 47 re.; Bornemann: 32; Fischer: 34 re., 44 re., 46 li.; Franz: 42 li.; GBA/Didillon: 11 li. u.; GBA/Engelh.: U2/1; GBA/Nichols: 6, 12 li., U4 li.; GBA/Noun: 4/5, 15, 20, 37; Haas: 34 li., 35; Heider/Orel: 29 li. o.; Herwig: 29 li. u.; L & M/Stork: 31 mi.; Müller: 25; Nickig: U1, 12 re., 43 li., 43 re., 44 li., 45 re., 46 re., 47 mi.; Pforr: 14, 18, 19, 38, 43 mi., 45 li., 48 re., 49 mi., 49 re., 64; Redeleit: 11 o. li., 13, 27, 31 re., 33, 36 li.; Reinhard: 7, 8, 17, 21, 23 li. o., 49 li., U4 mi.; Schneider/Will: 3, 24, 48 li.; Strauß: 2/3, 26, 30, 34 mi., 36 re., 40/41, 42 re., U4 re.; Thinschmidt & Böswirth: 45 mi., 47 li.; Thinschmidt & Papouschek: 9, 23 li. u.; Wildlife/Harms: 39.
Illustrationen: Janiček: 10, 16, 22, 28.
Fotos auf dem Umschlag und im Innenteil: Umschlagvorderseite: gestaltetes Blumenbeet mit Tulpen, Vergissmeinnicht; Umschlag innen/S.1: Zinnien, Kosmeen; S. 4/5: Kosmeen; S. 40/41: Löwenmäulchen; S. 64: *Dahlia*-Hybride 'Pfitzers Joker'; Umschlagrückseite: Staudenbeet (li.), Zinnien (mi.), Prachtscharte (re.).

Die Autorin

Esther Herr studierte Landespflege und ist gelernte Zierpflanzengärtnerin. Ihre praktischen gärtnerischen Erfahrungen sammelte sie in verschiedenen Gärtnereien. Heute ist sie als Redakteurin im Living & More-Verlag beschäftigt und schreibt dort vor allem für die Zeitschriften *Gärtnern leicht gemacht* und *Grün.*

Impressum

Redaktion: Judith Starck, Birgit Dauenhauer
Lektorat: Eva Wagner
Layout: independent Medien-Design, München
Produktion: Bettina Häfele
Satz: Uhl + Massopust, Aalen
Reproduktion: Longo, Bozen
Druck und Bindung: Kaufmann, Lahr
Printed in Germany

ISBN: 3-7742-6771-5

Auflage	4	3	2	1
Jahr	2008	2007	2006	2005

GRÄFE UND UNZER

Ein Unternehmen der
GANSKE VERLAGSGRUPPE

Das Original mit Garantie

Ihre Meinung ist uns wichtig. Deshalb möchten wir Ihre Kritik, gerne aber auch Ihr Lob erfahren. Um als führender Ratgeberverlag für Sie noch besser zu werden. Darum: Schreiben Sie uns! Wir freuen uns auf Ihre Post und wünschen Ihnen viel Spaß mit Ihrem GU-Ratgeber.

Unsere Garantie: Sollte ein GU-Ratgeber einmal einen Fehler enthalten, schicken Sie uns das Buch mit einem kleinen Hinweis und der Quittung innerhalb von sechs Monaten nach dem Kauf zurück. Wir tauschen Ihnen den GU-Ratgeber gegen einen anderen zum gleichen oder ähnlichen Thema um.

GRÄFE UND UNZER VERLAG
Redaktion Haus & Garten
Postfach 86 03 25
81630 München
Fax 0 89/4 19 81-1 13
E-Mail:
leserservice@
graefe-und-unzer.de

GU PFLANZENRATGEBER

Wenig tun, viel genießen.

ISBN 3-7742-5749-3
64 Seiten
7,90 € [D]

ISBN 3-7742-6395-7
64 Seiten
7,90 € [D]

ISBN 3-7742-6772-3
64 Seiten
7,90 € [D]

ISBN 3-7742-6110-5
64 Seiten
7,90 € [D]

ISBN 3-7742-6770-7
64 Seiten
7,90 € [D]

Gärtnern schnell & einfach? Gar kein Problem! Verwandeln Sie Garten, Terrasse, Balkon und Haus im Handumdrehen in eine grüne Oase. Das 5-Stufen-Erfolgsprogramm zeigt, wie's geht.

WEITERE LIEFERBARE TITEL BEI GU:

➤ **GU PFLANZENRATGEBER: Rasen, Gartenteiche, Zitruspflanzen, Kletterpflanzen, Rosen, Bambus, Hecken & Zäune, Küchenkräuter, Guter Boden**

GU

Willkommen im Leben.

Änderungen und Irrtum vorbehalten.

WÜNSCHE FORMULIEREN

Schmökern Sie in Zeitschriften, Büchern und Katalogen, holen Sie sich **Anregungen** in anderen Gärten und notieren Sie alles, was Ihnen gefällt. Überlegen Sie, welcher **Stil** Ihnen zusagt und welche Elemente und Farben dazu passen – und nicht zuletzt, wie viel **Zeit** Sie für die Pflege des Gartens investieren wollen.

So bringen Sie Ihren Garten zum Blühen

STRUKTUR INS BEET BRINGEN

Eine perfekte Rabatte sieht das ganze Jahr attraktiv aus. Setzen Sie deshalb, besonders wenn Sie es möglichst bunt und vielfältig lieben, auf **feste Größen**: Immergrüne Stauden und Gehölze, besonders in Form geschnittene, Leitstauden oder ein bestimmtes Farbschema bringen **Stil und Linie** ins Beet.

VORBEREITUNG IST ALLES

Damit sich Ihre Pflanzen so prächtig entwickeln, wie Sie sich das wünschen, muss das Beet entsprechend vorbereitet werden. Das **Lockern** des Bodens, **Unkrautjäten** und Einarbeiten von Zuschlagstoffen sind dabei die wichtigsten Arbeiten, die einen guten Start ermöglichen.

ETWAS BODENPFLEGE

Auch nach dem Pflanzen können Sie Ihren Lieblingen Gutes tun. Regelmäßige Düngergaben, das **Gießen** bei lang anhaltender Trockenheit, Lockern und **Mulchen** des Oberbodens sowie stetes Entfernen von Unkraut tragen zu ihrer blühenden Entwicklung bei.